U0014442

新手父母

光光老師 正向情緒教養學

3步驟，教出行為不脫序的孩子 修訂版

奇威專注力教育中心 執行長
廖笙光（光光老師）——著

〔主目錄〕

PART1 學習自主

PART2

手足關係

PART3

培養社會化

PART4

穩定情緒

情緒
先修班

用對方法帶孩子，超輕鬆

黃謙瑄　臺安醫院小兒復健科醫師

在這個忙碌又少子化的社會，孩子除了是爸爸媽媽的寶貝，父母對孩子的未來總是充滿無限的希望，孩子的一舉一動，更是牽動爸媽的心跟整個家庭的喜怒哀樂！

現在大多數的爸媽都要忙於工作，然而，工作環境樣貌的多元化，家庭成員之間的生活型態不同，不同照顧者之間態度不一致等，無疑都增加了照顧孩子的困難度。身為家長的我們其實經常忙碌於工作之中，因此，如何在有限的時間裡，給予品質良好的親子相處、如何才不會過度保護或過度要求孩子，是身為家長我們的重要課題。相信藉由專業給予的建議，家長能更有原則與方向的協助孩子。

這些年在醫院的門診，注意到許多求診的孩子，是因為父母們不了解孩子發展的歷程，在陪伴孩子成長的過程做出不適當的要求，除了造成孩子行為不適切，親子關係更是日趨緊張！什麼才是正確的教養方向和態度是父母陪伴孩子成長一個重要的課題，用對方法帶孩子可以很輕鬆，使用正確的態度對待孩子，更是能避免孩子日後有信心不足、行為偏差等問題的困擾。相信所有的爸爸媽媽都願意正確的教養孩子，但常常碰到問題時，卻苦惱不知如何做出正確的決定。

很高興看到廖執行長為家長們寫出這麼實用的一本書來引導爸爸媽媽用正確的態度和方向來教養家裡的寶貝！筌光老師平常在工作上總是細心的評估每一個孩子，認真傾聽每一個家長的困擾，用心輔導家長針對各個不同孩子的特性找出最適切的教養方法，這本書裡的字字句句更是廖執行長在這二十年職能治療經驗的精華，書中除了條列出家長們經常詢問的困擾，提供了實用性的小叮嚀，廖執行長也不忘與家長分享每一個問題發生的可能原因，用非醫療專業人員也能輕易了解的用語解釋家長必須知道的兒童發展相關生理及心理知識，幫助爸媽知道不同年紀的孩子究竟想的是什麼、需要的是什麼、父母可以要求孩子的又是什麼！讓爸媽學會用對的方法態度對待孩子，除了教養更為輕鬆，孩子可以更貼心，良性循環更是可以增進親子之間的融洽。

每個孩子都是父母親的寶貝，在教養孩子這條路上，我們父母總是會遇到疑惑、需要調整的時候，有時是父母親雙方想法不同，有時是與長輩的想法不同，但是這些不同想法其背後的共同點，都是希望孩子能變得更好，希望透過廖執行長這本書，能讓更多父母與照顧者了解孩子的想法，了解如何引導我們的孩子，透過這些問題的分析與解釋，我想許多父母心中的疑惑應當可以迎刃而解，讓每個父母享受教養孩子的喜悅與信心，也帶領家裡的寶貝順利走向美好的未來！

幫助家長將專業知識應用於教養中

潘璦琬　台灣大學職能治療學系副教授

我認識廖笙光執行長有二十年了。從他仍然在長庚職能治療學系就讀時，到畢業後擔任臨床工作，乃至笙光到國外一段時間後回國，返回兒童復健領域並開始創新的職能治療工作領域，笙光一直持續讓我知道他的進展以及近況。我看到他之前所出版的2本書籍，以及這次這本《光光老師正向情緒教養學》真是令人驚艷。

這本書觸及的主題是新手父母常見的困擾。從是否辭職當全職媽媽、如何戒尿布、手足之爭、到父母教養上是否堅持、賴床問題以及使用科技品的困擾等等。笙光透過職能治療專業知識以及發展里程碑的概念，仔細解說教養上適合方式的基礎，以及如何拿捏的藝術，這裡頭涵蓋了兒童發展的動作、認知、心理社會、道德以及活動參與的概念，透過實際運用於教養的實例中，娓娓敘述父母可以採取的步驟與注意事項，相信對於新手父母有很大的幫助。

笙光在兒童職能治療領域的熱誠與耕耘，從本書的撰寫以及完成，還有他在兒童職能治療的多年經驗可以看到。相信透過這本書的介紹，讀者可以了解如何將專業知識應用於教養中，培養出快樂、有能力以及健康的下一代。

孩子謝謝你，讓我變得更好

在寶貝女兒出生之前，我已經在醫院從事兒童復健工作十五年，每天都在孩子堆中生活、應付一大堆的疑難雜症，也聆聽許多家長的焦急與擔憂。相對於絕大多數的新手父母，我算是非常有「經驗」的育兒老手，畢竟已經陪伴了許許多多的孩子長大。

但是，女兒的出生，卻讓我第一次體驗當爸爸的感動，以及身為父母為孩子感到擔憂的天性，「爸爸」和「專家」是截然不協調的角色。我永遠記得，老大出生五週時，還是一個愛哭的小寶寶，由於「專家」上身的緣故，所以我立刻想要著手訓練寶寶，希望她被抱起來的同時，應當要停止哭泣。其實，訓練的方式很簡單，就是當小寶貝不哭泣時，立即抱起孩子，如果半分鐘後還在哭，就立即將小寶貝放回嬰兒床上。

老大算是很聽話，大約堅持半小時之後，她便很認命地只要一被抱起來，馬上就忍住不哭鬧，之後，也的確不哭了，讓我很得意；但是之後每次抱起小寶寶要逗她玩的時候，她卻將臉撇到另一邊不想看到我，那時的感覺真得是讓人心碎。「專家」可以很有效的改變孩子，但是孩子可能不會喜歡你；讓寶貝變得非常聽話、超級乖巧，但卻可能把你當陌生人。嗯！這真的是最好的育兒方式嗎？

我必須承認，當了爸爸後，很多想法改變了，變得更理解「家」的感受，也瞭解「家」的衝突。相信我們都是一樣的，有了孩子以後，才學開始會「妥協」，不充滿尖刺；有了孩子以後，才知道原來有些事不能強求，也不是講道理就可以解決。很多時候，孩子需要的不是什麼大道理，就是需要長大的時間，我們需要做的，就是多一點耐心陪伴著孩子長大。「專家」不是在螢幕裡，也不在文章中，而是每一位用心的爸媽，有你們用心的陪伴，孩子才能快快樂樂的長大。

感謝我那兩位美麗的小寶貝，她們就是我最好的「教科書」，陪伴兩姊妹成長的過程，讓我從中觀察到更多細節，與她們之間每次的互動都是一次又一次的實驗。我一直覺得，不僅僅是我在教孩子，她們也教會我很多事；親子互動別無他法，端看你有沒有用心傾聽孩子的聲音，其實他們一直想要告訴你好多好多的事情，透過實際上的互動，就如同跳一支雙人舞，要優雅的一退一進彼此配合，而不是單方面的不斷往前移動。

一百公分的孩子世界，絕對和大人的世界不一樣，請彎下你的腰和孩子站在一樣的高度，透過他們的眼睛來看世界，你將會發現孩子的世界其實是很美妙的。不要將自己對於生活的擔憂強迫施加在孩子的身上而希望孩子加速長大，這樣只會增加孩子與自己的負擔而已，不要強迫自己當「完美爸媽」，帶孩子應該是一種「快樂」，而不是一種「負擔」，學會欣賞孩子的特質，你將會發現即便是雙胞胎，也會擁有不一樣的「天賦」。

孩子是上天給予我們的「禮物」，讓我們的人生變得更「完整」。在引導孩子成長的過程中，我們也在不斷的思考與調整，期待讓幫孩子培養出良好的品格與智能。帶著孩子成長的過程中，成長最多的往往不是孩子，而是身為父母的我們。

謝謝寶貝的孩子們，因為有你，讓我們變得更好！

PART 1 學習自主

辭職當全職媽媽好嗎？

建立良好的依附關係

〔案例〕

稚嫩的嬰兒總是全家人關注的焦點，圓圓的臉龐、小小的手腳、清澈有神的雙眼，稚嫩柔軟的肌膚，讓人忍不住想親親抱抱，希望一直抱在懷裡，捨不得放下。

小惠也是這樣的一個小嬰兒，媽媽想把全世界最好的都給他，無奈現實生活裡存在經濟壓力，養育一個嬰兒的花費驚人，媽媽的工作也處於發展期加班是常有的事；究竟是否應將生活開銷抓緊一點，請育嬰假專心地帶孩子，還是找保母或家人幫忙帶小孩，下班後再親自照顧孩子呢？

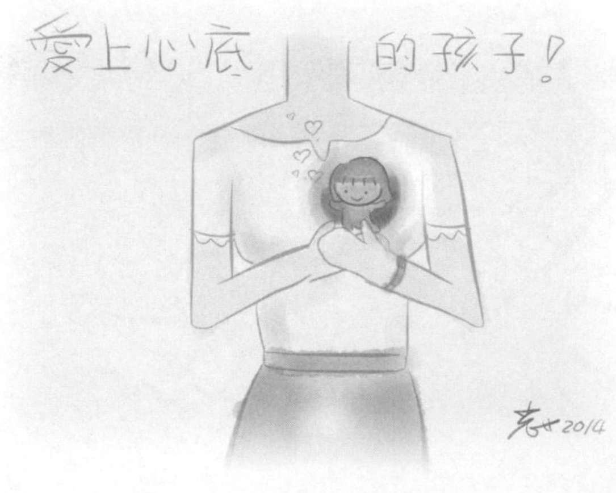

孩子為什麼會這樣？

小嬰兒之所以受到爸媽疼愛，除了很可愛外，最重要的是因為他們就是那麼嬌嫩，無法照顧自己，所以更讓人放心不下。

・建立嬰兒與媽媽之間的臍帶？

如果從孩子人格發展的歷程來看，孩子在最初的第一個時期（出生到一歲半），即「信賴感」的建立期，這時，很需要父母全心全意地照顧，來讓嬰兒感受到父母的愛，並獲得安全感。這樣安心的感覺，能讓孩子與你之間的依附關係變得更好，日後也會變得更加貼心。因此，在孩子兩歲之前，若家庭經濟能力許可，還是建議由自己帶最好，如此一來，孩子會和你變得更加親密，藉由照顧的過程，彼此還會培養出絕佳的默契，就算是孩子有什麼調皮的小動作，也難逃你的「法眼」。

．不要讓孩子太黏人？

建立與孩子之間良好的「信賴感」，並非是只要一直抱著嬰兒，而是要適時地**回應他的需求及呼喊**。很多時候，孩子只需要你看看他、拍拍他，就會心滿意足。請不要期望嬰兒可以「獨立」一點、不要太黏人，而刻意訓練他；他之所以會變得很黏人，往往是因為缺乏「安全感」，希望父母一直陪伴在身邊。

．等孩子長大一點再請育嬰假？

相對地，當孩子滿兩歲時，就已經進入了第二個時期（一歲半至三歲），即「自我概念」的建立期，這時孩子開始進入另一個階段，需要你的堅持與引導，並且漸漸學習獨立，而不再是單純的以照顧為主。倘若這時才想要請假專心陪伴孩子，站在兒童發展的角度而言，比較不建議，因為大人容易有虧欠孩子的心態而過度順從孩子，反而易引起其他問題。所以如果請育嬰假只是早晚的問題，建議從嬰兒時期就開始會比較好。

專家爸爸這樣教

照顧孩子不是輕鬆的事，甚至可以說是世界上最辛苦的工作，因為一天工作二十四小時，隨 call 隨到，不僅沒有休假、沒有加班費，連最基本的勞健保都沒有。所以，如果打算專心陪伴孩子，不妨先問自己準備好應付這樣的工作了嗎？

第一階段　衡量自己是否適合

親自陪伴確實可以增進親子關係，但是前提是要先照顧好自己，這樣才能有耐心照顧孩子；因為嬰兒的情緒與媽媽相連的，當妳開心的時候，他會感到開心，當妳難過的時候，他也會感到難過。嬰兒雖然像天使，但不會說話，也不會聽話，哭起來往往像惡魔般讓大人心煩意亂，所以妳需要衡量自己是否適合照顧嬰兒？只有妳一直保持冷靜、微笑，寶貝才能感到喜悅在安全感中成長。

第二階段 衡量實際收支

雖然育嬰假是有補助的，但養育孩子的支出的確超乎我們的想像，光是奶粉、尿布就是十分可觀的支出，加上嬰兒床、嬰兒車、玩具、衣服、營養補給品等。當然，父母都期望給孩子最好的生活，但是也必須衡量實際的經濟情況，妥善規劃家庭收支。目前，絕大多數的家庭都只生一至兩個孩子，接手小哥哥或小姐姐的用品，不單可節省一筆花費，更可以環保愛地球。很多時候，妳甚至會發現親友送的「愛心牌」用品，是從來沒有用過的全新品呢！

我不能自己照顧小寶貝時……

放輕鬆，不論是否能自己帶孩子，只要可以建立良好的「依附關係」，也能帶出貼心的孩子。假如你是職業婦女，只要在下班及假日時，營造高品質的親子互動時間，孩子自然就能和你心連心。帶孩子是一場積分賽，而不是一場淘汰賽，只要做對的事情越多，就越容易達成目標。最重要的是規劃好自己的時間，不要在過程被勞累與壓力打垮，減低因為情緒起伏而產生的不必要衝突。適時尋求協助，甚至是外包部分的家事，就能讓親子擁有更充裕的相處時間並且更融洽。

第三階段 尋求暫時的協助

全職媽媽並不是要妳二十四小時不輪休，**適時尋求協助可以讓母愛的品質更好**。建議不妨在休育嬰假前就先安排能協助接手照顧的家人、朋友，妥善規劃一週一次到兩次的休息時間，讓自己好好喘口氣。很多時候，並不是孩子離不開媽媽，而是媽媽離不開孩子。請在寶貝九個月之前，先找好代打的幫手；當然，親戚通常是最好的選擇，如果沒有也不用擔心，很多時候要好的、喜愛孩子的同事，也是很棒的選擇。嬰兒是最佳的社交潤滑劑，通常一到社交場合，就會是大家關注、寵愛的焦點。但提醒家長，一定要在**九個月大前讓孩子擁有外出認識陌生人的經驗**，以免九個月大後，出現陌生人焦慮，到時就算妳想要請求支援，恐怕寶貝也不買單！

我要自己做

面對孩子的自主

〔案例〕

剛滿兩歲後，小惠開始越來越有自己的主見，很多事情都想自己來，自己吃飯、自己拿碗、自己搬椅子。但是，常常將餐桌弄得一團亂，不是打翻碗筷，將飯菜散落滿地，就是把自己全身弄得髒兮兮；吃飯像打仗，搞得媽咪氣得要命，常常火冒三丈發飆說：「小惠你再不乖乖吃一直搗蛋，媽媽就要收起來囉！」即使如此，小惠仍舊固執的堅持凡事要自己來，讓媽媽傷透腦筋。

孩子為什麼會這樣？

從孩子開始說，「我要自己做」，就代表他預備從凡事依賴母親的小嬰兒，轉變成一個可以自己動手做的小大人囉！同時也是向媽媽宣告「我長大了」的訊號。**孩子透過模仿大人的過程，學習如何照顧自己**，這並非是孩子變得調皮搗蛋，或是不聽話，而是孩子長大的必經過程。

・模仿是孩子學習的方式

模仿是上天賜給孩子最好的禮物，他們透過模仿的過程來認識世界，並從中學習到日後生活所需要的基本技能。不論是表情、語言、社交、自我照顧的發展，都脫離不了模仿；正因為喜歡模仿大人，可以和爸媽做一樣的事情，而促使孩子樂於學習。如果孩子的模仿能力受到限制，反而可能導致日後學習新事物的效率較慢。

・孩子總是弄得一團亂？

孩子畢竟是孩子，雖然想要模仿大人的動作，但因技巧尚未熟練，所以常常會弄得一團亂，讓大人很頭痛；很多時候，雖然孩子想要幫忙，但卻愈幫愈忙，搞得媽媽還得收拾善後。但就像學游泳一般，即使孩子再厲害，也不可能沒有練習就學會。這時不妨**依孩子的能力來簡化步驟**，讓孩子有充分的練習機會，但又不至於把環境搞到太亂，而達到雙贏的目標。例如：點心（棒狀吐司、小餅乾）可以讓孩子自己練習吃，但是吃正餐時，則可先由媽媽餵完一定的份量再由孩子自己動手，循序漸進達到自己用餐的目的。

・不要過度呵護

不論是基於保護孩子的立場或礙於時間壓力，也不要阻止孩子嘗試及練習自己做的舉動。兩歲至三歲時，正是孩子開始學習獨立自主的階段，透過模仿的過程，**學習和大人做一樣的事情，會讓孩子獲得成就感，也就是透過這樣的過程讓自信心逐漸萌芽**，未來才有面對挑戰的勇氣。為了孩子好，就不要過度呵護、所有的事情都幫他做好，這樣反而是剝奪他練習的機會。

專家爸爸這樣教

兩歲至三歲，是孩子最喜歡模仿大人、開始練習自立技巧的關鍵時期。妥善運用孩子的特質，引導孩子練習做家事，分擔家庭工作，不僅是孩子日後獨立的關鍵，更是孩子自信心發展的基石。當孩子堅持「我要自己做！」不要覺得麻煩，因為現在的小麻煩，可以幫你培養出一個獨立、自主的小幫手。

第一階段 正確的期待值

孩子嘴巴說的很棒，但是手腳畢竟還不是很靈巧，因此請不要用成人的眼光來要求孩子做到百分之百，**剛開始放手讓孩子自己做時，標準要低一點**，雖然結果媽媽可能得再重新做一次，但是將時間拉長一點來看，現在的練習能成就孩子未來的自信心，這樣值得嗎？我想絕對是值得的。

第二階段　確保可以成功

雖然孩子不可能百分之百做到完美，但是我們可以將工作分割，如果部分是孩子可以做到的，就請孩子幫忙一起做。這時候，第一件事情就是先準備好適當的環境，**先將孩子可能會犯錯，而被責罵的部分收起來**，避免孩子不小心做錯被處罰。像是和孩子一起摺衣服，我們可以先將昂貴的外出服收起來，一來是太大件，孩子的手還太小，很難對折好；二來是媽媽的外出服，可能有些美麗的裝飾品，孩子可能會因為好奇而去撥弄，甚至是想要把它拔下來，結果不但沒有幫到忙，反而可能弄壞衣服。

情緒先修班　當孩子不小心打翻飯菜時……

請記得提醒自己，就算是大人也會不小心打破碗，所以千萬不要大聲的尖叫，只需跟孩子說：「沒關係，撿起來就可以了！」

我們之所以讓孩子自己嘗試，就是為了要鼓勵孩子獨立，獲得成就感與自信心，這才是我們最主要的目標。千萬不要用：「就跟你說要小心」、「你看你都在玩」、「你不要吃了，就餓肚子好了」等負面語句，不僅沒有產生自信心，反而讓孩子不敢自己做，而會變得更依賴！

所以，可以先讓孩子從自己的手帕、小內衣、小褲褲開始練習，只要對折再對折，就可以完成了；既簡單又可以確保成功率，讓孩子覺得自己真得可以做到，那才是最重要的。因為我們是要讓孩子在過程中，**學習和爸媽一起做事的樂趣，而不是處罰孩子**。

第三階段 放手讓孩子自己做

陪著孩子一起做，讓孩子練習分擔家務，讓孩子學習自我照顧，才是培養獨立的第一步。孩子學習的速度比我們想得還要快，慢慢增加孩子參與的步驟，漸漸地孩子就會學習如何獨立完成一件事。

在孩子三歲時，趁著孩子喜歡把「我要自己做」掛在嘴邊，讓孩子養成自己穿衣服、做家事的習慣。不然等到五歲時，就算是你給孩子五塊錢，請他幫忙洗碗，孩子還可能會反駁：「才五元不能買多多」。到時，究竟是孩子很偷懶，還是我們小時候照顧太多？

媽媽
我要你陪

孩子的分離焦慮

【案例】

小惠平常都很乖巧，在家裡也都是活蹦亂跳，滔滔不絕地說話，就像是一個小大人。但是，只要跨過家門，就變成另外一個小孩，非常安靜、很容易緊張，每逢聚餐更是一大挑戰，整個人就像是無尾熊上身，不僅黏著不放，就連媽媽要去上洗手間，都會讓他急得掉下眼淚，好像媽咪會消失不見一樣，非得一路黏著媽媽到廁所裡，才心甘情願。小惠那麼黏人，該怎麼辦？

孩子為什麼會這樣？

「分離焦慮」是一種正常發展歷程，每一個小寶貝都會經歷，只是有的孩子比較快，有的比較慢，但是無論如何都會發生。**「分離焦慮」在小嬰兒九個月大開始認人之後出現**，之後會慢慢變得明顯，在一歲兩個月左右達到高峰，隨著環境探索範圍的增加後，漸漸降低，在三歲左右消失。

・讓孩子哭，不要抱？

嬰兒最重要的溝通方式就是哭，透過哭來傳達需求，餓了、累了、怕了、不舒服，都有不同的哭聲，你需要和寶寶培養默契，才能了解哭聲背後所代表的意義，並準確判斷他的需求，長大後他才會有安全感而更堅強。提醒你，寶寶哭鬧時不需要因為想訓練他「獨立」而不抱他，這樣反而會讓他更沒安全感，結果往往哭鬧得更嚴重。當孩子有分離焦慮時，適時地安慰是很重要的，**但不是僅用語言安慰，而是直接給予擁抱，讓孩子知道你永遠都會適時出現、保護他的安全**。

・讓孩子多認識一些人

孩子很怕生，所以應多讓孩子參加社交活動藉以訓練膽量。這當然是很好的想法，但是地點、同儕是孩子熟悉的嗎？孩子對於陌生人往往會感到緊張，我們要增加的不是更多的陌生人，而是要增加孩子的熟人，**讓孩子熟悉的人變得越來越多，才會讓孩子變得大膽**。例如，如果每星期一、三、五都出門，但每次都去不同的地方，碰見不一樣的人，那麼可能就不是在幫孩子培養安全感，而是在嚇孩子了。

・媽媽的口頭禪：不可以？

小小孩明明看起來天不怕地不怕，為什麼又會那麼膽小？很多時候，是由於我們過度擔心與保護，無意間讓我們的緊張影響到孩子的想法。回想看看，多少次當孩子在嘗試新事物時，我們會不經意地提高音量說：「不可以，危險！」而讓孩子漸漸地不敢貿然嘗試，甚至避開「新的」事物。那麼孩子又如何能學會勇敢呢？**勇敢不是教導出來的，而是透過不斷地嘗試才能體會及擁有**。

・「人間蒸發」的媽咪？

和你分離的時候，孩子一定會捨不得，也一定會哭。但是，**千萬不要因為怕孩子哭，而偷偷摸摸地離開**。記得和孩子說聲：「拜拜！」請不要做一個突然「人間蒸發」的媽咪，那只會讓孩子更瘋狂地想要找你，而加深孩子的分離焦慮。假設你和先生一起出國度假，你才轉身將行李放好，先生就不見了，錢包、護照、鑰匙都還在，人到底跑到哪裡去，你應該會很緊張地四處尋找吧！相反地，如果先生有先交待：「我出去一下！」那麼你一定會感到安心很多。既然我們也會有如此感受，所以請不要這樣對待孩子，不然他會一直緊緊地盯著你，深怕下一秒你就會突然消失。

專家爸爸這樣教

當孩子兩歲以後，漸漸地就無法被「關」在家裡，每天都會期待出去玩，這時正是讓孩子學習自己探索環境的高峰期；當他覺得自己很厲害時，就是練習「分離焦慮」的最好時機。這時最需要準備的不是孩子，而是爸媽的心態，孩子比我們想像中的勇敢，不要因為自己的焦慮與擔心，而頻頻暗示孩子，環境是不安全的，而卻又期望孩子可以勇敢的面對環境的挑戰。

第一階段 爸媽都會在這裡

孩子都是黏人的，因為有你在身邊他才會感覺到安全，但隨著移動能力、好奇心的增加，他也漸漸地開始探索外在的環境，並開始在「安全距離」與「好奇心」之間拔河。一方面是期望你在身邊，另一方面又想去看看這神奇的環境，即使是去玩也會不停地回頭查看，你是否有跟上？這時，爸媽要做的並非亦步亦趨的跟著孩子跑，而是應**找一個座位坐定，和孩子約定爸媽會在這裡等他，鼓勵他自己去探索、遊玩，如果有任何問題就回來找爸媽**。

透過這樣的練習過程，孩子會漸漸地延伸與你之間的「安全距離」，也讓孩子知道你永遠都會在旁邊保護他。然而，必須要注意，應選擇一個適合的地點再開始練習，相對於人山人海的百貨公司、遊樂區，家裡附近沒有人的小公園，反而是比較適合的練習場所。最重要的是，在練習的過程中，**請不要離開你承諾孩子的「等待區」**，不然安全感就會像斷了線的風箏，反而讓孩子更不敢去探索。

第二階段 增加孩子的熟人

現在絕大多數的家庭，都只有一至兩個孩子，加上爸媽全家人都算進去，最多也只有四至五個人；認識的人比較少，當人多時自然會感到不安，因此，多帶著孩子拜訪親友，**讓孩子認識更多的熟人**，就變成一項重要的工作。如果孩子比較膽小，記得不要約在別人家裡，或是新奇的餐廳裡，那樣成功的機會很低；相反地，**約在孩子已經熟悉的地點**，比較容易讓孩子感到安心與舒服，這樣孩子才能心有餘力去認識其他的人。

孩子記得熟人的方式很特別，**當他睡著醒來後，如果還會碰到那個人，那麼就是應該要記住的人**。不然，每天出去散步路上人來人往，碰到一大堆的人，難道都得記住？所以，有時不妨請親友幫一點小忙，多停留一會，讓午睡後的孩子能有機會記住他，這樣才能讓孩子有更多的熟人，膽子也才會漸漸地變大。

第三階段 跟著長輩出去玩

當孩子有想要去玩的地方，又有已經非常熟悉的親友，特別是家裡的長輩（爺爺奶奶及外公外婆）時，不妨著手安排讓長輩幫忙帶孩子出去玩。這不只是好玩而已，更重要的是可以**讓孩子練習離開爸媽的身邊一段時間**。建議開始時選擇走路就可以到的地方，可以到附近的公園或便利商店，那麼即便是失敗了，也可以很快地回到家。重要的是，要**讓孩子有良好的成功經驗，而不是時間的長短**。

當孩子已經可以成功短暫和爸媽分離，就可以讓他練習出去玩半天，再準時地去接他。請記得，**孩子雖然不會看時間，但是生理時鐘卻非常準確，所以請不要遲到**，不然又好不容易建立好的安全感，又得重新練習兩個星期才會恢復喔！

當要離開時孩子大哭大鬧……

請記得提醒自己，這是因為孩子捨不得你，而不是在和你作對。所以跟孩子説：「要勇敢喔！拜拜！」**句子越短越好**。請不要試圖説服孩子了解，因為就算他了解，他還是不願意；逗留得越久，他的情緒起伏也越大，最後反而更容易失控。

千萬不要因為孩子哭泣而責備孩子，請記得孩子會覺得難過是正常的。重點不是在我們離開的時候有沒有哭，而是當我們回來時，孩子會不會開心的擁抱我們！

幼兒園的選擇

【案例】

小惠每次經過幼兒園，看到許多小朋友都顯得很開心，很好奇他們在學校裡面做什麼，常常吵著要去看小朋友，要拉也拉不走。在公園玩時，只要看到其他小朋友，也會嘗試靠近去看人家玩，但是卻常常卡在想找人玩又不知如何加入的狀況。通常都要過了五分鐘以後，才會開始「解凍」。開始玩之後，又能很快地玩在一起，等到要離開時，爸媽總要花費好一番功夫他才願意說拜拜離開。小惠開始有喜歡和其他孩子互動的動機，想要和其他小朋友一起玩，爸媽在想到底該不該提早讓小惠上幼兒園呢？

孩子為什麼會這樣？

孩子一歲半之後，會漸漸地想要探索環境，對世界充滿好奇。這個時期裡，增加環境探索是一個很好的契機，可以透過學習新奇事物來拓展孩子對世界的了解。相對而言，如果讓孩子一直待在家裡，反而是限制他天馬行空的想像力及學習力，不論是上幼兒園或到戶外走走，都可以增加孩子與他人互動的經驗，對孩子身心的發展都非常有助益。

・小小背包客出發

這時期，孩子對於映入眼簾中的事物都很有興趣，無論看到什麼都會充滿好奇，眼睛也會閃爍著光芒。建築物上的吊車、馬路旁的消防栓，甚至是下雨過後的小小水坑，都是他探索的目標。因此，當孩子已經探索完家裡的點點滴滴後，就會開始將他的目光移轉至外面，開始他小而偉大的旅程。

・**有正確的期待**

幼兒園教什麼？當然重點不是知識上的學習，畢竟孩子還小，所以全美、雙語或是國語，是不需要過度在意的；有沒有教數學、樂高更不是重點。在這個階段**最重要的反而是養成規律的生活規範，讓孩子學習生活自理能力**，像是自己吃飯、坐著等待、定時上廁所等，從照顧好自己的過程中，逐漸培養獨立生活的能力。

・**當獨立的小大人**

孩子因為自我概念尚未成熟，所以特別會跟爸媽賴皮，因為他認為爸媽和自己的想法是一致的；因此，當另一個不知道他想法的人試圖給予他選擇，甚至是給予一個不同於孩子想法的決定時，他反而比較能接受選擇與決定，而不會出現賴皮的情況。所以很多時候，幫孩子**找一個值得信任的好老師，由老師來幫忙調整他既有的習慣會是一個不錯的方式**。因為，可以避掉孩子的賴皮行為，也比較容易改變習慣，而讓孩子漸漸變得獨立。

・**看著同學一起做**

借用同儕的力量，讓孩子喜愛嘗試、變得更勇敢。很多時候，爸媽花了很多力氣鼓勵孩子嘗試，都不如讓孩子和其他小朋友一起玩來得有效。在遊戲中，孩子會自然而然的模仿、學習，無形中也變得勇於嘗試，自然就會更厲害。

專家爸爸這樣教

從兒童發展的角度來說，在九個月到一歲半時，正是「分離焦慮」的高峰時期，光是要離開媽媽的身邊都有困難，因此更不建議送去上學。然而，在兩歲半左右是「第一反抗期」，對於所有的事情都會抗拒，要說服孩子去上學往往也會比較困難。因此，**當孩子滿三歲時，會是一個比較適合的年齡**。

幫孩子選擇第一間學校，對爸媽也是一個挑戰，但不論如何建議爸媽要有正確的期待，上學不是期待孩子可以學英文、背唐詩、拼積木，而是建立良好的生活自理習慣，這是生活的基礎技能，基礎愈穩固，孩子學習的步伐愈穩健。

請記得，我們需要幫孩子找的不是安排滿滿課程的安親班，而是可以**給予孩子「安全感」與「信賴感」的幼兒園**。

第一階段 調整生活習慣

當決定要讓孩子上幼兒園後，首要任務就是調整孩子的生活習慣，特別是在作息時間上，**需要符合幼兒園的作息時間**，不然到時候在適應上容易出現衝突。在幼兒園的團體生活中，時刻表是相當固定的，例如，八點上學、十一點半吃飯、一點睡午覺、四點半回家。也因此，先調整好孩子起床時間，讓孩子可以在七點起床，養成固定午睡的習慣。不然，每天光早上要起床，就搞得一肚子氣，又如何會乖乖地去上學呢？

情緒先修班　孩子不睡午覺時……

當孩子不願意睡午覺時，請不要強迫孩子一定得睡，應藉由安排活動的方式來引導孩子調整作息。孩子不覺得疲憊、有好玩東西在身邊，或是擔心媽媽會離開，都是孩子不願意睡午覺的原因。可以輕柔地承諾孩子：「你睡著了，媽咪都會在旁邊陪你喔！」

放慢自己的步調，不要因為急著做家事，而急迫地催促孩子午睡。如果孩子起床時會找不到媽媽，往往是他不願意睡午覺的主因，深怕眼睛一閉起來，媽媽就會不見。所以，讓自己先好好的休息、先睡著，孩子很快的也就會跟著睡著了。

第二階段 離家近的為主

雖然孩子充滿好奇心，會頻頻想往外探索環境，但畢竟是孩子，探索的範圍有限。因此，選擇**離家近走得到的幼兒園比較適合，因為這樣的距離能讓孩子有安全感**；需要搭校車才能到達的學校，反而容易讓孩子感到焦慮與恐懼。此外，爸媽有空也可以先帶孩子去學校逛逛，甚至去和同學玩一至兩次，讓孩子熟悉學校的環境以及如何往返；透過這樣的過程，不僅可以讓孩子對於學校生活有基本的概念，在初期銜接也會比較順利。

第三階段 老師流動率低

不論學校的硬體再好，最重要的還是老師，因為桌椅不能給孩子安全感，但是老師可以。因此，當在挑選幼兒園時，品牌再大、名聲再響，都不如實際到學校和老師親自談一談來得實際。老師的流動率，可以當作是挑選學校的一個「參考值」，老師對於學校的認同越高，變動也比較少，自然可以給孩子更多的「安全感」。「幼兒園」應該是孩子的「第二個家」，一個安全感的延伸，拓展出另外一個熟悉的地方，讓孩子可以安全地去探索更多更遠的地方。

長大了
不要吃手手

戒掉壞習慣

【案例】

小瑜的膽子比較小，加上有一個大嗓門的姊姊，所以很容易不小心嚇到。因為有一個姊姊可以模仿，所以小瑜不論是說話、動作都很靈巧，也學得很快。但是，就是有一個小小的壞毛病，超喜歡吃手，特別是當想睡覺的時候，總是要把自己的大拇哥，當作奶嘴塞在嘴巴裡面，才能安心地入睡。只是，當姊姊開始上幼兒園後，難免還是會被傳染感冒，小瑜老是把手放在嘴巴裡，真是讓爸媽超級擔心會感染腸病毒。究竟應不應該讓小瑜戒掉這個吃手的習慣呢？

孩子為什麼會這樣？

從出生到兩歲大的孩子，屬於發展上的「口腔期」，因此只要手拿到東西，第一件事就是放進嘴裡仔細地品嘗一番。這並非是孩子在搗蛋，也不是不愛乾淨，而是一種探索與認識自己的過程。此外，在兩歲之前，孩子尚無法分辨東西可以不可以吃，所以這時千萬要注意將小物品，彈珠、硬幣、棋子等小東西收好，以免孩子誤食。

・用嘴巴來認識自己？

當我們要買多多給孩子喝，將手伸進口袋拿零錢，不需要用眼睛看，也可以正確地拿出十元，這正是因為我們有良好「觸覺區辨」。只是**在嬰兒身上，「觸覺區辨」最好的地方並不是手指，而是在他們小小的嘴巴**。因此，嬰兒會將自己的小手、小腳放進嘴裡來探索，藉由吃自己的手指，來認識自己的手；他往往是一隻、一隻的吃，直到探索完每一隻手指，藉由這樣的過程，嬰兒可以了解自己的手是什麼形狀，也從中發展出最基本的手指分節動作。

隨著動作能力的增加，嬰兒會漸漸意識到，在遙遠的身體那端，也有可以玩的東西，接著就會將目標轉移到自己的小腳趾上。等到認識完自己後，又會開始將好奇心轉移到身邊的玩具。正因如此，在嬰兒時期並不建議阻止寶貝吃手、咬玩具，而是幫他準備乾淨而安全的環境，讓他可以快樂的探索。

・從吸吮獲得安全感

不論是吃奶嘴或吃手指，孩子都可以經由吸吮的動作，從臉頰與手指獲得適當的本體感刺激，藉以獲得如同爸媽擁抱的感受。當孩子想睡覺、緊張時，就會去尋找這些感覺刺激，來讓自己得到安慰；這是孩子找到讓自己變勇敢的方式，以便在你無法擁抱他時，也能感到安心的一種技巧。因此，並不建議使用責備、打罵的方式來禁止孩子，否則易導致孩子產生焦慮或哭鬧情緒，像是雖然戒了吃手指，但是晚上卻起來大哭。

・手指上塗辣椒醬？

如何幫孩子戒吃手指？老一輩的偏方常是塗辣椒醬或綠油精，但是你可能不知道孩子天生可以分辨的只有甜酸苦，對於鹹和辣是無法分辨的，必須要在兩歲之後才具備分辨的能力。所以，如果你是在孩子一歲半時想幫他戒吃手指或奶嘴，用辣椒往往沒有多大的功效，反而會讓孩子吃得更津津有味，以後變得更喜歡吃辣而已。此外，加上孩子有時會揉眼睛，結果沒戒掉吃手指，反而傷到眼睛，增加照顧上的難度。

・多洗手、多剪指甲

基本上孩子在兩歲以前會吃手指，都是正常的生理與心理發展歷程，不用過度擔心。重要的不是孩子會不會吃手指，而是會不會不小心將細菌吃下肚而生病。因此，確保孩子雙手的乾淨、定時修剪指甲、用餐前確實洗手，養成好習慣，才是最重要的。當好習慣已經養成，再適時地鼓勵孩子克服吃手指的習慣會比較好。

專家爸爸這樣教

當孩子兩歲大脫離「口腔期」後，就可以開始練習不要「吃手指」。但是由於「吃手指」往往與「焦慮」相關，當孩子覺得緊張時，就會依賴以「吃手指」的方式來安慰自己。所以，在準備要開始戒手指時，生活不可以有太大的變化，例如，搬家、上學、生病、分房睡覺等都會造成壓力影響效果，請記得一個新習慣的養成通常需要二至三週，所以爸媽應挑選適宜的時間進行。

第一階段　引導感覺需求

喜歡吃手指的孩子，往往是透過吸吮或咬的方式從口腔處獲得本體感的刺激；所以我們可以**透過其他的方式來給予孩子相似的感覺經驗**，像是吸吸管、吹氣等，來讓他獲得滿足。此外，給予需要咀嚼的小點心，像是，豆干、鱈魚條等食物，也可以讓孩子從中獲得感覺刺激並獲得滿足，進而降低孩子對於吃手的需求。

第二階段　讓手指保持忙碌

接著，就進入正式戒手指的階段。這時必須要注意，需要分成白天和晚上兩個階段來訓練。白天，**只要孩子表現出想吃手指時，就拿出貼紙、畫筆、黏土等需要手指動作的遊戲，來轉移孩子的注意力**；如果他想要玩，手指自然也就沒空可以放在嘴巴裡了。請記得，要在白天已經沒有吃手指的動作後，才可以開始戒除晚上吃手指睡覺，這時孩子比較容易被說服。

第三階段　幫孩子塗指甲油

當孩子三歲以後，開始會玩「假扮遊戲」時，就可以開始利用說故事來做引導。這時，媽媽可以塗指甲油來吸引孩子的注意，當孩子感到有興趣後，鼓勵孩子也塗指甲油，並且約定要保持漂亮喔！提醒孩子不可以將手指放在嘴巴裡，不然指甲就會變得醜醜的。其實，不只是指甲油，有些漂亮的小貼紙或OK蹦也都有相同的效果，這招對喜歡漂亮的小女生，超級有用。

人多時孩子就會不停吃手指……

這可能是因為緊張才會出現的舉動。這時候，請提醒自己，不可以罵孩子，而是要轉移孩子的注意力，像是說：「你看看，媽咪幫你準備一本貼紙書喔！等下我們玩貼紙。」讓孩子的手忙碌於操作貼紙、勞作，來轉移孩子的緊張感，這樣會比你和說明為什麼不可以吃手指來的有效！請記得，越是提醒越容易讓孩子感到緊張，反而會讓孩子更想要吃手指。

可以戒尿布了嗎？

讓孩子獲得成就感

〔案例〕

兩歲大的小惠，正是喜歡跑跑跳跳的年紀。明明每次尿布已經一大包，跑跑跳跳一會兒褲子就會被尿布拉下來成了「低腰褲」。但問他有沒有尿尿，要不要換尿布時，他就會堅持：「沒有尿尿。」小惠已經可以自己穿衣服、穿鞋子，但就不願意自己坐在馬桶上尿尿。媽媽不但買了放在馬桶上的小坐墊，也念了上廁所的相關繪本，但小惠依然只喜歡尿在尿布上。部分同齡的孩子都已經戒掉尿布了，到底該不該繼續幫小惠戒掉尿布？

孩子為什麼會這樣？

戒尿布需要時間與耐心，建議在孩子可以清楚「表達」上廁所，即我要尿尿後，再開始練習。嬰兒尿尿是屬於反射動作，就像是眨眼睛一樣，不受大腦神經的控制，只要膀胱滿了就會自然尿出來。一直**到孩子大約三歲左右，大腦皮質控制尿尿的中樞神經才會成熟，再加上膀胱容積也加大，才能在父母要求的時間、地點上廁所**。因此，千萬不要操之過急，建議在兩歲半至三歲時，就可以循序漸進地開始幫孩子練習，通常小女孩因為語言發展的比較快，所以會比較快學會，至於小男生，爸媽就要有更多的耐心了！戒尿布並不是一項比賽，不會因為孩子比較早戒尿布就會比較聰明，不要給彼此太大的壓力。

・媽媽一直說大便髒髒，真的很髒嗎？

小孩可以控制自己大小便，對孩子而言，應該是一項非常驕傲的事情。因為這代表孩子第一次可以真正控制自己的身體，作為自己身體的主人。因此，當我們在訓練孩子上廁所時，千萬要注意不要將「尿尿」、「大便」、「馬桶」這些事情，與骯髒、噁心、討厭等負面的辭語連結，不然反而會讓孩子因為焦慮而出現抗拒，自然也就導致練習上的困難。

·廁所髒髒，有垃圾桶，我不要上

小孩的抵抗力比較低，相對的比較容易生病，常導致家長過於重視環境整潔，常不經意灌輸小孩：廁所是骯髒的、馬桶和垃圾桶不可摸、摸了會生病、肚子會很痛喔！等話語。無形之間也讓孩子對於上廁所這件事感到焦慮，甚至出現害怕的情緒。此外，許多孩子不願意坐在馬桶上面，是因為垃圾桶就在馬桶旁邊，看到就覺得很可怕，甚至擔心坐在那裡會不會生病呢？

·不小心尿褲子怎麼辦？

小孩括約肌的控制能力尚未成熟，因此雖然已經可以控制，但是偶爾還是會有失誤的時候，這時請多點耐心，不要數落孩子的不是，更不要將失敗跟「羞羞臉」或「骯髒」連結一起，不然可能會導致孩子出現憋尿、便秘的情況，反而導致更多的後續問題。

・我會掉到馬桶裡嗎？

掉落的感覺是非常強烈一種感受，兩歲的小孩子因為平衡能力尚未成熟，雙腳懸空的姿勢會引發他的不安全感。所以，會抗拒自己坐在馬桶上而不斷的要求要下來，因為他非常害怕會掉馬桶裡面，甚至擔心會像便便一樣被水沖走。這時，幫孩子安裝穩固的「幼兒馬桶坐墊」，並且放置一個放腳的小凳子，讓孩子可以「腳踏實地」而感到安全。

專家爸爸這樣教

當孩子會說：「我尿尿了！」就是準備好的訊號。然而成功的關鍵不僅僅是孩子，更重要的是爸爸媽媽準備好了嗎？當孩子沒穿尿布，尿在地板上時，你的反應會是什麼呢？是責備，還是鼓勵？你的反應才是決定孩子願不願意戒尿布的關鍵。如果脫掉尿布，每次上廁所都會被罵，會讓孩子對於上廁所感到焦慮。當在練習戒尿布時，最重要的就是要讓孩子有成功的經驗。

第一階段　白天不用穿尿布

跟著孩子一起布置與整理廁所，或是準備一個孩子覺得乾淨而安全的小馬桶，讓孩子覺得很安心。將所有可能會有危險的清潔用品、電器用品收起來，以免孩子好奇去拿時而被責備。當一切準備就緒，就可以開始戒尿布練習了。讓孩子穿上容易穿脫的衣物，當然也可以讓孩子暫時不穿褲子，讓孩子喝大量的水，在喝完水後，每十分鐘帶孩子去坐一次小馬桶。最初的第一天往往是最辛苦的，但是只要孩子成功一次，你就會發現孩子突然之間就學會了。很快地就會自己去上廁所，希望得到你的讚美。

養成平時固定的時間喝水，並且固定的時間上廁所，是最有效的練習方式。如果持續三天，孩子還是沒辦法成功，也不用太擔心，過兩週再練習一次。

第二階段　在馬桶上大便

當孩子已經可以在白天不用穿尿布，也養成固定的小便習慣後，就可以開始練習在馬桶上大便。基本上，孩子每天上大號的時間是固定的，因此抓準孩子的生理時間，讓孩子在那時練習坐在小馬桶上面，看看故事書或聽故事，第一次通常需要十分鐘左右才會成功。

雖然在沖水馬桶上加上一個小孩子用的馬桶坐墊，比較輕鬆也容易清潔，但是以生理結構而言，在坐姿上孩子比較不容易用力，所以比較不容易上出來，爸媽需要花費比較多時間陪伴。如果可以，在最初練習上大號時，建議**使用有把手的幼兒訓練便器**，利用類似蹲著的姿勢，孩子會比較容易用力。

千萬記得，即使孩子已經會在馬桶上上廁所，但是難免還是會不小心大在褲子上，請不要過度的責備，因為孩子還在練習的過程中，需要更多的時間才能熟練。

第三階段　晚上不用穿尿布

孩子在晚上沉沉的進入夢鄉時，全身的肌肉也放鬆了，控制自己尿尿的能力也就會降低，容易出現漏尿的情況。建議不妨先讓孩子晚上穿著尿布睡覺，等到孩子四歲至五歲時，生理更加穩定成熟後，再鋪上防水布，練習戒掉晚上穿尿布的習慣。

小小孩的膀胱儲存量比較小，所以往往需要上很多次的廁所，隨著年齡的增加，孩子的尿量也就會漸漸地增加，尿尿的頻率也就會減少。白天不喜歡喝水的孩子，反而更容易尿床，所以要鼓勵孩子白天多喝水，以增加膀胱的彈性，讓孩子在睡覺時有更大的「儲存量」而不會尿出來。

此外，孩子常常會自己玩起分段尿尿的方式，也不要認為孩子在搗蛋，這是孩子自己在訓練其括約肌的力量與控制。就是這些看起來不起眼的小事情，才是孩子學會不用穿尿布的關鍵。

孩子不小心尿褲子時……

請記得提醒自己，這是一個再也正常不過的狀況，因為孩子正在學習如何控制自己，只是暫時沒有成功而已。所以跟孩子說：「很棒喔！你不用尿布就可以尿尿了，但是下次要尿在小馬桶喔！」

請先鼓勵孩子，再引導孩子做出正確的方式，先讓孩子克服不用尿在尿布上，再讓孩子學會尿在小馬桶裡。千萬不要用：「你就是小小嬰兒」、「羞羞臉」這類的語句，反而會讓孩子變得更依賴尿布喔！

要不要，
我不要

孩子的「第一反抗期」

〔案例〕

小瑜一直都是很聽話的小孩，相對姊姊而言，幾乎是安靜的孩子。只要媽媽說要做什麼，他就會乖乖的配合。但隨著年紀越來越大越來越會說話開始，小瑜也漸漸不願意配合媽媽的指令，不論問他什麼，一律都是回答，「不要」。洗澡，不要；吃飯，不要；吃麵，不要；反正就是一股腦地唱反調，就像是跳針一樣的反覆著說，「不要……不要……」。不只是媽媽快要發脾氣，就連最疼小瑜的外婆也快受不了，小瑜究竟為什麼開始變小惡魔了，到底發生什麼事？

這並非是孩子學壞了，也不是爸媽教養出問題，而是孩子開始長大變聰明了，從凡事依賴的嬰兒，轉變為有獨立人格的小小孩的過渡階段。以兒童認知發展的觀點來看，兩歲至三歲的幼兒無法了解自己的慾望與母親慾望之間的差別，因此會出現「唱反調」的情形。藉由故意選擇和**媽媽相反的決定，從中確定自己是獨立的個體，稱為「第一反抗期」**，這時期，爸媽要運用一些小技巧，才能陪孩子渡過這個屬於小小孩的「叛逆期」。

・媽咪變心了嗎？

幾個月前，寶寶還是一個嬌嫩的嬰兒，無論想要什麼，媽媽都會盡可能地滿足他。餓了，媽媽會餵他吃奶；濕了，媽媽會為他換尿布；倦了，媽媽會哄他睡覺。在寶寶的世界裡，他的慾望和媽媽總是如此一致，像戀人般的契合。然而，當孩子到兩歲左右，隨著動作發展與探索環境的增長，他突然發現媽媽開始「變」了，變得不配合他的想法，開始要他不可以做這個，不可以做那個，這時他才開始察覺到自己的慾望與媽媽似乎有所差異，所以就開始進行他偉大的小實驗，「媽媽和我想的一樣嗎？」

・不是小霸王，是小科學家

這時候的小小孩，不是小霸王，而是「小科學家」，他正在進行一項嚴肅的科學實驗，了解「媽媽的慾望」與「自己的慾望」是否一致，過程中總是充滿驚喜與陣痛。當他有慾望時會強烈表達，並觀察媽媽是否同意，藉由反覆不斷的實驗來了解自己與媽媽間的差異。但有時他也會感到失望，為自己的意願總受到忽略而感到挫折不已；透過多次的實驗，他會逐漸了解在不同情境下，自己與媽媽決定上的差異，進而發展出良好的「自我概念」，這正是孩子走向獨立人格特質的關鍵。

・不要搞亂孩子的實驗？

小小孩對於世界充滿好奇，對於所有的新事物都想要嘗試，但還不能分辨哪些是有危險的。當他學會玩形狀盒、拼圖、投硬幣等遊戲時就會努力地移動小手嘗試將不同的形狀放進正確的位置裡；這時，他可能對於同樣是將物品放入小洞中的插座產生興趣；當你一再告誡：「不可以玩插座，不然要打打喔！」他就會故意一邊叫：「媽媽，你看。」一邊握著插頭來吸引你的注意，你一旦說不可以時，他就會故意將插頭拔下來，而且會挑戰數次，直到他確定每次結果都一致才會感到滿意而停止他的實驗。這時，**須確認所有大人的處理態度都「一致」**，不然孩子只好不停的實驗下去，最後不只是大人生氣，連小孩子也被搞到有情緒。

‧沒有反抗期好不好？

「反抗期」是孩子發展「自我概念」的過程，即了解自己和媽媽有不同想法、喜好、決定的時期，是每一個孩子都必須經歷的階段。絕大多數的孩子，都會在兩歲左右開始展現出來，只是大部分是想說的多，但能說清楚的卻很少，所以大人也很難聽懂寶貝到底想要什麼；但也因為想表達自己的意見，便會誘發孩子更努力的表達，而使語言能力日趨成熟。相反地，如果大人凡事都順著孩子、不堅持，孩子當然也不會出現反抗的情況，但易使孩子日後變得倔強、霸，導致日後與同儕互動時的人際困擾，畢竟同學不是爸媽，沒有必要順著孩子，不是嗎？

專家爸爸這樣教

當孩子開始說不要時，是孩子正式進入「自我概念」發展的象徵，所以我們應該感到高興——孩子變聰明了，而且開始有自己的想法。只是中間剛好出現了一個副作用，孩子開始不會百分之百配合我們的指示，並會開始出現唱反調的情況。這段時期，大約在兩歲至三歲間，爸媽要秉持「溫和而堅定」的教養，陪孩子一起渡過。

第一階段 願意配合為優先目標

這個時期的孩子常常會將「不要」掛在嘴邊，就像是口頭禪一樣，所以聽聽就好了；請不要和孩子鬧脾氣或是堅持不可以說「不要」，像兩頭牛一樣僵持在那邊。

很多時候，你會發現孩子嘴巴上說「不要」，但是實際上還是會配合去做；這時候**請停止你的責備，只要孩子願意配合做就可以了**。因為我們的目標是讓孩子聽話、願意配合，而不是不能表達意見，不是嗎？當孩子知道這樣會得到讚美後，漸漸地他就會減少說「不要」的頻率了。

第二階段　減少孩子說不要的頻率

改變我們說話的習慣，請不要問孩子：「要不要吃蘋果？」、「那吃梨子好嗎？」孩子一定會說：「不要」，因為拒絕越多次，媽媽給的選擇就越多，不是嗎？最後，再有耐心的媽媽，也會被惹到有情緒。

正確的做法是，**給予孩子「二擇一的選擇」**，例如說，「你要吃蘋果，還是梨子？」盡量**將「想讓孩子選擇的」放在後面**，因為孩子往往會選擇後者。這樣，不僅可以降低孩子說不要的頻率，同時也尊重孩子選擇的權力。教養孩子，很多時候只需要換句話說，效果會遠比你耐心解釋或是生氣威脅來的有效許多。

第三階段　溫和而肯定的堅持

爸媽要做的就是**要有「一致性」的堅持，才能縮短幼兒的叛逆期**。千萬不要演變為一個「堅持」，另一個「秀秀」，否則會導致孩子不斷地嘗試其他的新招式來測試父母的底線，讓父母頭痛不已。堅定而溫和的與孩子堅持，將決定權拉回到大人身上，將可以減少孩子賴皮的頻率。

孩子要賴時，你需要的是給予簡短的指令，而不是不厭其煩的說道理。因為孩子雖然已經會說話了，但是常常還是半猜半懂，過長的說明，反而可能會抓錯重點而更加哭鬧。

盡量不要用打罵或威脅的方式，因為很多時候我們只是說說，但根本捨不得做，結果反而讓孩子把你說的話當作耳邊風，反而更加不聽話。給予孩子溫和、但是堅定的指令，並且落實的執行，才是縮短反抗期的關鍵。

情緒 先修班

孩子躺在地板上哭鬧時……

這幾乎是兩歲半的小賴皮都會做的事情，特別是當他想要某樣物品，但是爸媽卻不願意給的時候。因此，不用太擔心是否孩子的情緒有問題，或是故意不給爸媽面子。

請直接抱孩子離開，不要和孩子堅持在當下，更不要大聲罵孩子，以免衍生出其他問題。實際上問題不是孩子乖不乖，而是我們大人感到丟臉，所以如果需要和孩子說明，也請等到離開他想要的物品之後，而不是在充滿誘惑的環境說理，不然孩子一定一句話也聽不進去。

基本上，處理這個問題應該是預防為主。例如，在要進入商店之前，就先**和小孩子說好規則與約定**，如果沒有遵守規定就立刻離開，以預防孩子發生躺在地板上耍賴的情況。如果沒先和孩子約定好，那就先讓孩子一次吧！因為那是我們自己沒先講清楚，而不是孩子的錯。

髒髒的
我不敢摸

孩子的觸覺防禦

〔案例〕

小惠很喜歡畫圖，但是每次畫完，都會鬧脾氣。只要手指沾到一點點顏料，就一定要馬上去洗手，不讓他去就鬧彆扭。很喜歡用膠帶，但是討厭膠水，總是吵著要媽媽裁膠帶。在家裡都還好，反正家裡很乾淨，所以大致上都沒有問題，但是到了外面，麻煩就大了；在餐廳用餐，嫌地板髒不肯脫鞋，說食物有點黑不願意吃，手沾到一點食物就非要去洗，搞得媽媽都快要發火。龜毛的小惠為什麼就不能像妹妹一樣，好好的不要亂鬧脾氣？好不容易出去吃一頓大餐，都搞得媽媽好忙，沒辦法好好享受美食。

孩子為什麼會這樣？

「觸覺防禦」指的是對於觸覺刺激有過度強烈的反應，會將無害的觸覺認為是有害的，因此影響到孩子情緒的穩定度。當人們面臨威脅時，往往就會引發「攻擊或逃跑反應」，所以孩子常常就會出現生氣或哭鬧的反應。基本上，觸覺功能中的保護反應，在孩子兩歲左右，就會隨著每日生活中觸覺經驗的增加，而漸漸地降低而達到穩定狀態。

‧生活中的觸覺經驗？

人並非生活在一個光滑世界，不論是花、草、樹木觸感各異，水、砂、土也有不同的質感。但是，隨著生活品質的改善，孩子的生活中來自「大自然的」觸覺經驗相對缺少，所有生活中接觸到的物品，幾乎都是光滑的，所以孩子可以獲得的觸覺經驗，相較我們過去成長的環境，是相對貧乏的，也使得孩子觸覺敏感的機會變高了。

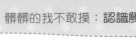

・就是要穿最好的？

父母都希望給孩子最好的，在幫孩子挑選衣服時，都會選擇舒適的純棉材質，洗劑也是挑天然沒螢光劑的，就是怕寶寶細嫩的皮膚會受傷。買了新衣服，也都會先洗好、剪掉標籤，才會讓心愛的寶貝穿。然而，由於衣服的材質、樣式單一化，孩子的觸覺經驗也會受限制，所以孩子對於不同觸感、材質的物品，接受度也就變得較低，當接觸到不熟悉觸感的物品時，就會出現緊張的感覺；就如同我們將手放到恐怖箱裡面，即便是很熟悉的物品，但是還是會感到緊張。不妨**多給孩子一些不同材質或樣式的衣服**，從日常生活中增加孩子的經驗吧！

・不要亂摸東西？

孩子生病是爸媽最擔心的事情，因此我們常在無意間將「髒髒，不要碰」掛在嘴邊，導致孩子也很自然地怕髒。但是，孩子的分辨能力還沒有很成熟，所以自然會將黑黑的、黏黏的、有顆粒的東西都歸類為骯髒的壞東西，引發他們的恐懼並且更加排斥去碰觸這些物品。建議爸媽平常也要努力控制自己的話語，讓孩子不怕接觸不同觸感的物品。

・我不要脫襪子？

如果孩子的觸覺比較敏感，在穿襪子時會顯得心不甘情不願，但要他在外面脫襪子也是一大挑戰，特別是當他覺得地板不乾淨的時候。只是孩子有時候分不清楚，地板上的「小小的小黑點」究竟是圖案還是砂礫，所以會出現抗拒的情況。事實上，換個角度來看，也很合理，如果地板真的佈滿沙子，穿著襪子、隔著布料真的會比較舒服啊！

專家爸爸這樣教

有些孩子天生的觸覺就比較敏感，這是一種天生氣質，並非是爸媽所造成，只要給孩子適當的觸覺經驗，他很快就可以調整。從觸覺功能發展的角度來看，觸覺的保護反應應該在兩歲左右整合，所以如果孩子在兩歲時，還是屬於比較敏感的話，我們可以按部就班地來幫助孩子。

第一階段　提供舒適的觸碰

首先要分辨「輕碰」與「深觸」間的差別，如果要增加孩子的觸覺功能，我們要做的是提供「深觸」，也就是按摩的力道，而不是輕輕的搔癢，結果反而讓孩子變得更敏感。事實上，嬰兒按摩的方式也是我非常贊同的，就由每天固定時間幫孩子按摩來減低敏感。

第二階段　容易水洗的顏料

塗鴉時給予孩子容易清洗的顏料，像是幼兒專用的手指膏，一來很容易清洗，二來顏色很鮮豔，很容易吸引孩子的興趣。最重要是**要容易清洗**，

當孩子怕髒而丟掉東西時……

請記得提醒自己，「怕」是一種情緒上的恐懼，所以孩子會出現逃避的反應，而當無法逃避時，往往就會出現攻擊的情況。所以請先認同孩子的感受，詢問孩子說：「你會怕怕嗎」，再引導孩子做出正確的方式，說：「你可以說：『我不喜歡，幫我拿走！』但是不可以用丟的。」

這時，請不要再次將孩子害怕的東西，強硬的塞到他的面前，不然往往沒有解決到任何問題，反而會導致孩子出現哭鬧或生氣的情緒。結果不僅沒有讓孩子的變得不怕髒，卻記得那個東西會害我被處罰，而更加討厭它。

只要水一沖就可以洗乾淨，這樣孩子才不會擔心衣服或身體被弄髒；或者也可以幫孩子穿上長袖工作服（防水圍兜），讓孩子覺得被保護。最初，可以給孩子畫筆，當孩子喜歡畫了以後，就可以鼓勵孩子用手指來畫圖，很快地孩子就會克服觸碰黏答答的感覺，也不會容易緊張或擔心了。如果孩子喜歡玩黏土，那可以在黏土裡面加點鹽巴，增加黏土粗粗的質感，也是一種很有趣的遊戲喔！

第三階段 多帶孩子到戶外

想讓孩子嘗試不同的觸感，最好的方式就是安排戶外的活動。藉由環境探索的過程，讓孩子很自然地熟悉各種不同的觸感。像是在草地上奔跑、踩落葉、建沙堡，都是新奇又好玩的活動，從中可以讓孩子獲得更多的觸覺經驗。如果孩子不願意嘗試，請多點耐心，多給他幾次機會，不要強迫。很多時候，爸媽示範好幾次，不如**請同年齡的孩子做一次**，孩子反而比較敢去嘗試，畢竟大人覺得不危險的東西，對孩子可能是一項挑戰。但是，如果小朋友做都沒問題，孩子很快就會願意開始嘗試。

心得筆記

PART 2
手足關係

我不喜歡妹妹

老大的失落感（認識老大情節）

【案例】

雖然，媽媽在懷妹妹的過程中，已經不停地幫小惠心理建設，跟小惠說：「妳要當姊姊了喔！」但是，小惠還是似非懂的樣子，整天想窩在媽媽的身上討抱抱。很快的，到了小惠當姊姊的第一天，看到媽媽手上抱著剛剛出生的妹妹時，他整個搞不清楚狀況，皺在一起的小臉思考著，那個軟軟小小的是什麼？五天後，妹妹小瑜也回家了，小惠更是搞不清楚到底發生了什麼事情，為什麼爸媽陪他玩的時間變少了，而且媽媽還常常躲在房間裡面不出來。是不是爸媽變心了，為

什麼只要有哭聲，爸媽就會不見？迎接妹妹誕生的喜悅，很快地就被這樣的失落情緒取代，小惠看起來似乎不是很開心，也漸漸地變得越來越愛哭。

孩子為什麼會這樣？

照顧一個新生兒，是一項非常大的挑戰，不論是第一胎，還是第二胎，照顧嬰兒常常會讓爸媽感到手忙腳亂。由於每天固定只有24小時，既然分割了些許時間照顧剛出生的小寶貝，那麼自然會壓縮到陪伴大寶貝的時間，而讓大寶貝感到「失落」。

如果這時孩子已經上幼兒園，因為有學校生活的轉移，往往比較不會有明顯的失落感。相反地，如果原來是由媽媽24小時陪伴的孩子，則會因為前後的落差過大，而出現情緒不穩定的「老大情節」。

老大情節任何年齡都有可能發生，不一定在三歲，也不會因為孩子的年紀較大，就會比較輕微。很多時候，七歲才有弟弟或妹妹的學童，反而會產生更強烈的老大情節。我們必須要知道，孩子表現不好的原因，並非是因為孩子「不喜歡」弟弟或妹妹，而是一種「失落感」，也就是由不安全導致的焦慮感。

・媽媽是我的？

孩子都想要獨占媽媽的愛，即佛洛伊德理論中提及到的「戀母情結」。孩子非常弱小而無法獨自生存，因此必須找到一個主要照顧者緊緊的依附在他身上，才能確保自身的安全。因此，孩子會渴望媽媽完全屬於他而產生「占有慾」，希望媽媽可以隨時陪在他身邊、回應他的需求。

最初，連爸爸都有可能會是孩子的假想敵人，不希望爸爸分走媽媽的關注，而會對爸爸有敵意，更遑論是一個剛出生、會將媽媽從他的身邊搶走的小嬰兒。因為不願意失去媽媽，所以就會出現種種排斥、抗拒的反應來表達他的不滿與焦慮。

・突然出現的小三？

雖然，爸媽都認為大的應該要照顧小的，也希望二個孩子可以相親相愛。但是在孩子的認知上，小的不是「弟弟或妹妹」，而是一個突然出現的「小三」。原本和媽媽過著快樂的「兩人世界」，世界圍繞著他轉，真得是超級開心啊！沒想到，短短不到一週的時間，媽媽居然就變心了，不但經常突然消失不見，叫也不回應，自然會讓孩子感到不安。

不要說是小孩，就連成熟理性的大人，如果面對像孩子一樣的情況時，也很難不難過和擔心；孩子畢竟是孩子，這樣的調適還是需要時間，多給孩子一些時間吧！

・當姊姊也是要練習的

不是弟弟或妹妹出生了，孩子就馬上會當哥哥或姊姊，這需要一段時間的嘗試與練習。畢竟沒有當過哥哥或姊姊，所以第一次難免會不熟悉、跌跌撞撞；記住，不要給予孩子這樣的要求：「因為你是哥哥（或姊姊）了，所以要讓弟弟（或妹妹）！」反過來說，如果沒有弟弟或妹妹，就不需要禮讓了嗎？這個說法反而會讓老大越來越討厭老二，導致行為變得更為違常。

請給予老大多一點時間來適應，不要讓他覺得從弟弟或妹妹出生後，就一直被忽略、被責備。照顧小寶寶時，不妨引導孩子當一個稱職的「小幫手」，幫媽媽拿尿布、丟尿布、拿奶嘴等，透過這樣的過程，讓孩子去觀察、陪伴小嬰兒，同時也在媽媽的讚美中，了解到弟弟或妹妹的可愛。

・我失寵了嗎？

小寶寶嬌小柔弱的模樣，經常是全家的焦點，不知不覺間，全家的互動也會出現些微變化。不能避免地原來陪伴老大的時間會明顯地減少，甚至連活動的空間也會開始受到限制，家裡的傢俱配置也會改變。這些看在孩子的眼裡，即使年紀小，他也知道事情不一樣了，而會產生一種「失寵」的感受。

孩子開始因為擔心，而會做出許多的「努力」，希望能博得爸媽關愛的眼神。然而，通常做好事不容易將爸媽的注意力轉移到自己的身上，所以當孩子發現壞行為可以成功吸引大人的注意力，甚至使注意的時間更持久時，無疑就會提升孩子繼續嘗試壞行為的頻率與強度。這時，「處罰」無法減少衝突，反而會讓老大更加焦慮，而出現更激烈的反抗。即使是強制將孩子的慾望壓下去，讓孩子不敢光明正大的做，但是私底下的動作卻只會越來越多。

專家爸爸這樣教

家裡第二個孩子出生，是一件非常開心的事情，但是壓力也隨之而來。但無論如何都不能忽視老大的心情，畢竟孩子還是會因此而感到失落，甚至出現焦慮的情況，如果沒有適時的處理，容易導致孩子對於弟弟或妹妹出現抗拒或排斥的情況。了解孩子、尊重孩子的感受，不是強迫孩子接受：不能用「你比較大，就要讓妹妹」這種方式來說服孩子，而是必須想方式來讓孩子喜歡弟弟妹妹。

第一階段 迎接妹妹前的準備

可以透過繪本或故事，引導孩子即將有弟弟妹妹的事實，讓孩子有初步的心理準備。基本上，對於三歲以前的孩子還是似懂非懂，可以讓孩子看他小時候的照片與影片，來讓孩子認識自己小嬰兒的模樣。帶著孩子一起準備迎接小寶寶，像是和孩子一起逛嬰童用品、佈置嬰兒床、整理舊的衣服與玩具。透過這樣的過程來調整孩子的心態，讓孩子可以期待家庭新成員的到來。

當媽媽到醫院待產至第二個寶貝出生這段時間，孩子必然無法待在媽媽身邊，所以一定要事先做好準備。除了事先預告，媽媽生產住院期間，媽媽會去哪裡、誰會陪他？如果環境許可，可以事先演練一遍，讓孩子有良好的心理準備，到時才不會手忙腳亂。

在醫院期間，多帶孩子到嬰兒室看小嬰兒，除了可以看看想念的媽媽之外，也可以讓孩子有所準備，自己已經升級成「哥哥」、「姊姊」了，以減少小嬰兒返家後的衝擊。帶小嬰兒回家時，記得順手準備一個小禮物，幫「小寶寶」送給哥哥姊姊，當作「見面禮」。

有時候，真的不可以小看孩子的記憶力，孩子還真得會記得那個「見面禮」是什麼喔！

第二階段 先搞定老大的情緒

雖然照顧新生兒需要耗費許多精力，但即使再忙碌，也要安排與哥哥（或姊姊）單獨相處的時間，讓他清楚明白自己在爸媽心中仍然是獨一無二的；**時間不需要很長，但是絕對不可以被小寶寶打斷**，千萬不可以讓孩子滿懷期待，結果小寶寶一哭就中斷，那反而會讓孩子感到更加失落。

即便每天只有10分鐘，也**要清楚傳達，這個時間爸媽是完全屬於他的**，所以千萬不能一邊陪孩子玩，一邊看電視或滑手機，請讓孩子享有弟弟或妹妹出生前的寵愛感，那才是最重要的。多給孩子一些讚美與擁抱，讓孩子知道爸媽還是像以前一樣愛他，當他感受到了，自然就不會焦慮、失落，才能漸漸喜愛剛剛來到的弟弟或妹妹。

第三階段 和媽咪一起照顧新生兒

最初的幾個月，小嬰兒最常使用的表達方式就是哭，也不太會和哥哥姊姊互動，即使孩子想要和他玩，也很難玩得起來。這時，爸媽就要當小嬰兒的「代言人」，讓孩子感受到小寶貝好喜歡他，很自然地孩子也就會越來越喜歡小嬰兒。

不要擔心孩子粗手粗腳會弄傷小嬰兒而將他關在門外，那反而會傷害他；**鼓勵孩子一起照顧小嬰兒，幫忙做一些小工作**，像是拿尿布、丟尿布等，透過這樣的過程可以讓孩子了解如何照顧小嬰兒，此外，也可以名正言順地讚美孩子。像是，「姊姊最喜歡妹妹了，會幫妹妹拿尿布，好棒喔！」或「當姊姊了真得很厲害，會幫媽咪丟尿布喔！」透過這樣的過程，幫小嬰兒謝謝姊姊的照顧，當然姊姊也就越來越喜歡照顧小寶貝，因為可以獲得他最重視的媽咪的讚美。

情緒先修班

當孩子要打弟弟妹妹時……

請記得提醒自己，不要先入為主的認定老大有問題，多思考一下是否最近陪伴孩子的時間不夠呢？特別在三歲時，孩子可能會出現嫉妒弟弟妹妹的情緒，而出現鬧脾氣、搗蛋、攻擊等各式各項的壞行為來吸引爸爸媽媽的注意，實際上都是希望爸媽能多給他一點關愛。

在你坐著擁抱小嬰兒的同時，請記得用另一手要擁抱老大。當你情不自禁的輕啄小嬰兒的同時，請記得也要親吻一下老大。千萬不要過度關注於小嬰兒，而忽略了老大一直在旁邊觀看著。

「處罰」往往只能暫時的阻止，孩子想要爭取寵愛的意圖；帶著老大一起照顧小寶貝，給予他更多的鼓勵與讚美，會比爸媽不停地責罵或禁止來得有效許多。

這個是我的

所有權的建立

〔案例〕

每天小惠在睡覺前，都要幫全家人點名。爸爸晚安、媽媽晚安、阿公晚安、阿嬤晚安、妹妹晚安……，甚至連自己的玩具也要晚安，常常會拖了好一陣子才能睡覺。小惠是很喜歡妹妹的，常常在妹妹旁邊跑來跑去，逗著妹妹開心地大笑；但是，偶爾還是會因為玩具吵成一團，甚至會出現推倒妹妹的情況。當媽媽出面制止時，小惠馬上就會掛著眼淚，帶著無辜又有點生氣的眼神看著媽媽，小小聲地說，「這個是我的……」因為，妹妹年紀還小，根本還分不清楚「自己的」到底是什麼，所以難免還是會拿錯，但是

小惠卻分得非常清楚。結果就導致「雞同鴨講」的情況出現。因為妹妹老是說不聽，最後姊姊就只好用「實力」來阻止妹妹搗蛋，當然也就會出現兩個人都倒楣的情況了。這是因為小惠很自私，都不願意讓妹妹嗎？

孩子為什麼會這樣？

並非是孩子自私、不肯分享，而是孩子「所有權」的概念正在發展階段，需要透過「我的」、「別人的」的觀念來發展出「自我定義」的階段過程。在這之前，孩子通常是相當大方的，要他將玩具分給別人他毫無感覺，這並非是孩子真的大方，而是「所有權」尚未發展。一般來說，孩子的「所有權」會在兩歲時開始萌芽，也開始從生活經驗中學習分辨，哪些是自己的、哪些是別人的，這並非是孩子自私的象徵，而是「自我定義」正在逐漸成形的一種過程。

孩子在兩歲左右，會開始對於物品的「所有權」有明確的界定。爸爸的鞋子、媽媽的包包、姐姐的帽子、妹妹的杯子，都會分的非常的清楚。因此，雖然是自己已經不用的東西，但是之前確實是屬於自己的，所以當妹妹開始使用時，就會感到困擾而出現情緒。

・我的？媽媽的？爸爸的？

當孩子兩歲時，通常是以自我為中心，只要是他視線所及範圍內的所有物品他都會認為是「我的」。大約從三歲開始，孩子才能漸漸開始分辨「我的」、「你的」、「他的」之間的不同。

當孩子已經可以熟悉家裡所有成員的稱謂時，爸媽就可以開始教導孩子分辨物品的「所有權」。建議**可以從鞋子或衣服等有明顯區別的日常用品來做練習**，讓孩子分辨鞋子是自己的鞋子、媽媽的鞋子、爸爸的鞋子，很快的，孩子就會對「所有權」有最基本的認識。

・舊玩具是誰的？

當孩子開始了解物品的「所有權」後，就會開始堅持保護自己的所有物，並且非常重視。

但是，問題是老大不玩的玩具、不穿的衣服，難道就不是他的嗎？

我們大人常常會和孩子說，如果拿別人的東西一定要先說，所以**當父母要將老大的東西轉給老二的時候，千萬不要忘記要先和老大說一聲**，以身作則孩子才會更知道如何遵循規則。

有必要這樣麻煩嗎？有的，多了這個小小的動作，孩子就會覺得安心，不會因為擔心失去屬於自己的東西而感到緊張，自然能學會分享了。

・大的一定要讓小的？

很多時候，老大和老二發生搶玩具、爭蠟筆等衝突時，常是因為老大已經有了「所有權」概念，但是卻碰上一個完全不知道「我的」為何物的老二，導致衝突一發不可收拾；就算給他們兩個一模一樣的物品，結果還是相同：老大好說歹說，老二還是不肯放手，最後就變成比誰的力氣大。

強硬要求「大的一定要讓小的」，不見得會是一個好的處理方式，因為**孩子可能會感到困惑搞不懂，究竟自己應不應該保護自己的「所有權」**，導致日後在學校被欺負，也不敢保護自己。

哥哥（姊姊）愛護弟弟（妹妹），的確是一件好事，但並非是指「大的非得讓小的」，以免造成「委屈的老大」和「鴨霸的老么」而有「手足競爭」的問題。

・自私自利的孩子？

「禮讓」是一種美德，我們從小都讀過「孔融四歲能讓梨」，但就算是神童也是四歲才會禮讓與分享，而不是兩歲。如果孔融兩歲不會讓梨就會是一個自私自利的孩子嗎？

對孩子而言，分享是需要練習的。他們搞不懂將物品給別人後，為什麼有時拿得回來，有時候卻又拿不回來，因而常常無法掌握是否應該要分享。就像是玩具與餅乾之間的差別，一個玩完了還會存在，一個吃完後就會不見，所以孩子常常會不願意分享，深怕自己喜愛的擁有物會從此消失不見。

請不要強迫孩子一定要分享，因為**當他的預期能力尚未成熟，強迫分享只會讓他時時擔心喜歡的物品會消失，使他感到焦慮而引發情緒**。仔細觀察會發現，當他覺得夠安全，或不在意那樣物品時，通常會很樂意分享；但是，當他覺得那是他的心肝寶貝時，就會顯得很小氣。這時請不要勉強孩子，應尊重他的決定，有機會再多練習就可以了。

專家爸爸這樣教

當孩子三歲左右，就越來越能準確分辨物品是「誰的」，雖然孩子變聰明了，但卻也開始變得小氣，不願意和別人分享；若採強迫或處罰的方式也不恰當，因為過度順從孩子日後容易受到欺負，而過度抗拒的孩子則容易欺負手足。如何引導讓孩子順利度過這個階段，也就需要父母的智慧與耐心了。

第一階段 從多的開始分享

「分享」不是孩子與生俱來的能力，需要練習及培養。在最初的階段，請不要用玩具來練習，一來可能會因為孩子很喜歡而失敗，二來數量通常只有一個，比起練習「分享」，孩子更擔心玩具會被搶走。

如果要鼓勵孩子分享時，用蘋果與葡萄哪一個比較容易成功？很自然是葡萄，因為葡萄的數量比較多、吃不完。你瞧出端倪了嗎？**在學習「分享」時，從數量較多的開始較容易成功，而且水果則是最好使用的小道具。**

讓孩子在每天吃水果的時候，就先練習將水果分給家裡的每一個人，孩子很快就會發現，就算今天分享完了，明天還是會有水果可以吃，自然就會很樂意分享了。

第二階段 玩具都是爸媽的

父母們應該都有相同的經驗，因為擔心家裡的孩子會搶玩具，所以乾脆一次買兩個一模一樣的，各玩各的總不會吵架了吧？但結果孩子依舊搶來搶去。

事實上，比較好的處理方式是，家裡的所有新玩具都是爸媽的，如果孩子想玩，就必須要向爸媽借；如果不玩了，就必須還給爸媽，這樣就以暫時避開「所有權」的衝突。

如果孩子非常喜歡某一個玩具，我們可以在特別的時間點將它送給孩子，成為他「所擁有」的玩具，其他的玩具仍然需要與別人分享，但是**他「所擁有」的玩具就是他專屬，爸媽不可以強迫他與別人分享**。

第三階段　跟著妹妹一起玩

為免孩子經常因「所有權」問題引起衝突，爸媽可以透過一些事前準備工作來預防。先準備兩個盒子，將玩具分成兩份，最初建議可以用樂高、積木、串珠等來練習，讓孩子習慣和平地一起遊戲，而不會出現爭執的情況。當孩子已經熟悉後，再鼓勵老大在遊戲開始之前，將自己的分成兩份，然後分給妹妹。

很快的，孩子就會學會如何和手足一起遊戲，而不會出現爭執的情況。這時，就可以進階玩「扮家家酒」遊戲組，讓孩子進一步的練習分享不同樣的玩具，接下來就可以開始練習輪流與交換了。

請記得，「分享」是一種習慣，一定要讓孩子先成功，他才會越來越願意分享！

當老大搶弟弟妹妹的玩具時……

請記得提醒自己，孩子之間搶玩具，不一定都是老大的錯，要先看引發衝突的原因。如果要處罰，就應該是兩個一起，將玩具暫時沒收，而不是只處罰聽得懂話的老大。 事實上，越有安全感的孩子越是充滿愛，越充滿愛的孩子才越懂得分享，與其一味勉強老大分享自己的玩具，倒不如積極培養孩子的安全感，多給老大一些關注與疼愛，效果反而更好。

媽媽比較愛妹妹

手足間的競爭

〔案例〕

三歲的小惠雖然非常喜歡畫圖，只要拿起彩色筆，就可以坐在小桌子前面剪剪貼貼、黏黏畫畫整整一個小時，最後當然最重要的就是要拿出他的大作跟爸媽分享。妹妹也想像姊姊一樣，所以總是會在旁邊搶姊姊的彩色筆、圖畫紙，絕大多數小惠都會抱著自己的作品逃離妹妹的魔掌。但是，今天妹妹逮到機會搶下姊姊的圖畫紙，準備一筆畫下去，情急之下，小惠把妹妹推倒了，不巧妹妹撞到椅子而大哭起來。媽媽一心急就罵了小惠，小惠馬上流出了委屈的眼淚，低聲地嗚咽說，「媽

咪比較愛妹妹！」連續兩個晚上都說夢話，「媽咪不要抱妹妹」、「妹妹不要拿」，媽媽在一旁聽到心都碎了。

孩子為什麼會這樣？

「手足競爭」（Sibling rivalry）是指在兄弟姊妹之間的競爭關係，也就是彼此爭奪爸媽的關愛時自然而然發展出來的一種競爭關係，競爭的目的，並非是在比誰比較厲害，而是搶奪爸爸媽媽的愛。手足競爭在雙子家庭中很常見，特別是當弟弟（妹妹）在一歲半到兩歲半時，最為嚴重，並一直延續到弟弟（妹妹）三歲大，可以成熟表達意見後才會漸漸地緩和。處理原則是，不可以老二一哭就處罰老大，以免導致更多的衝突。

・兩個人都是對的

有些爸媽會指責老大的「手足競爭」特別強烈，是因為個性不好，不會照顧妹妹！請不要幫孩子扣上這頂沈重的帽子，絕大多數只是因為年齡差距。

當孩子在三至四歲時，開始就會有強烈的控制慾望，想要管東管西，這是一個正常的發展過程。但是如果運氣不好，偏偏碰上一個正處於「第一反抗期」的弟弟（妹妹）時，衝突很難避免，因為一個很愛管，另一個則很拗；一個想讓，另一個就什麼都搶，讓爭執加劇。其實，兩個人都沒有惡意，只是在做自己年紀該做的事，但是湊在一起卻讓爸媽覺得非常的困擾。

・是妹妹先搶的

當年紀較小的老二，想要和老大玩，卻無意間破壞哥哥（姊姊）辛苦完成的作品時，雖然不是故意的，但東西確實被弄壞了；當老大想從弟弟（妹妹）那拿回自己作品時，想法雖然正確但往往技巧不佳，易弄哭弟弟（妹妹）。所以不僅是孩子陷入爭奪的掙扎，連照顧的大人也開始出現疑問，究竟應不應該要處罰？要處罰誰？不處罰，會不會越打越兇？

其實，不應該陷入「大的要讓小的」的迷思，絕大多數的時候，爸媽只能察覺到結果，但卻沒有看清楚過程時，如果斷然處罰老大，只會增加他情緒上的反彈，導致衝突不斷。在**處罰老大的同時，也要記得「責備」小的，這樣孩子才不會覺得爸媽「偏心」**。

・公平真得公平嗎？

很多時候，我們都希望給孩子公平的「愛」，像是老大有學鋼琴、繪畫，所以老二當然也得學，這樣既公平，也方便接送，但是，這樣做無形中也增加兩個孩子之間競賽的情況，像是，「我比你厲害」之類的比較心態。如果這時，老大的能力明顯地優於老二，較不易出現衝突的情況。相反地，如果老二後來居上時，老大就會感到壓力，而產生情緒上的衝突，進而有不恰當的行為出現。

實際上，上述的情況很容易藉由課程安排來解決，**公平不一定是最適宜的方式，依照孩子的天賦安排適合的課程才是最恰當的選擇**。

・減少兩人的比較

不同的年齡有不同的發展指標，所以請不要使用相同的標準來要求孩子，也不要過度比較，因為這樣的比較並不客觀，應盡量避免使用，「你為什麼不能像妹妹一樣乖乖坐好？」、「妹妹都比你聽話」、「如果你不吃，就拿給妹妹吃」這樣的說法，以免增加手足之間的競爭使情況惡化。

如果真的需要使用「激將法」來激勵孩子時，**請記得將「妹妹」這個角色，換成孩子身邊其他的人**，例如，爸爸或寵物往往可以達到效果，又不會引發不必要的手足競爭。

專家爸爸這樣教

每個孩子都是爸媽心中的寶貝，這樣的訊息要清楚傳達給孩子，才能給孩子足夠的安全感來克服心中的恐懼與焦慮。「手足競爭」幾乎都會出現，只是強度不同，**特別是在兩個孩子相差兩歲到三歲間，衝突往往會特別明顯**。其中，當老二剛好在一歲半至兩歲半時，會達到高峰，爾後才會隨著孩子認知能力的發展而漸漸趨緩。

這時爸媽需要用耐心與引導，協助孩子找到最好的相處模式，並且創造成功的機會，而不是用大人的權威來壓迫孩子服從，不然可能導致孩子彼此間的競爭變得更激烈；等弟妹再大一等，到三歲，就會漸漸改善了。

第一階段 選定主要照顧者

讓孩子一個人黏一個人，這樣可以讓孩子們都有良好的依附，也可以得到完整的安全感。

如果老大還沒有滿四歲時，不建議轉換主要照顧者，而是要讓老二由另外一個人照顧，這樣會比較順暢。這時，爸爸、家裡的長輩都是相當適合的人選。很多時候，我們會覺得嬰兒最需要照顧，而忽略了老大的感受，但事實上，嬰兒還搞不清楚是誰在照顧他，但是老大卻已經非常明白，所以面對環境變化時會有很深的焦慮。

讓每個寶貝都有最多的愛，讓孩子在愛中長大，才會是最好的選擇。不是所有時候都要兩個孩子膩在一起，而是應減少衝突可能發生的機會，適時地分開兩個孩子，營造和弟弟（妹妹）一起玩是都是快樂的印像，那孩子也就會越來越喜歡弟弟（妹妹），也才能忍耐他們小小的無理取鬧了。

第二階段 讓大孩子示範

三歲的孩子對於新鮮事物充滿好奇，每天都在學習新的事物、玩不同的玩具，就如同一塊海綿不斷地吸收新知，但是，這樣的特質在和年紀較小的弟弟（妹妹）玩時，卻是衝突的開始。

當兩個寶貝在一起玩時，請記得選擇年紀較小年齡適合的活動，例如，姊姊已經可以玩積木、妹妹卻還只能玩幼兒積木，那麼這時請帶著孩子一起玩幼兒積木。不然，讓孩子們一起玩，基本上就是挖洞給孩子跳，快樂不到十分鐘就開始吵架，最後演變成處罰孩子。

選擇妹妹適合的活動，反正姊姊的動作比較快，妹妹的動作比較慢，等到姊姊完成後再增加難度，這樣兩個人都會有事情做，自然可以降低衝突的機會。姊姊覺得自己比較厲害，會有自信心；妹妹覺得自己學會新東西，也會很開心。

透過教導姊姊「示範」的過程，讓兩個寶貝可以一起快樂的遊戲。在爸媽的引導下，孩子自然就會知道如何和兄弟姊妹一起玩的方式，老大更可以從中學會如何教弟弟妹妹喔！

第三階段　衝突介入的最小化

當孩子們發生衝突時，通常是爸媽沒有注意到的時候，如果這時爸媽突然「介入」評斷誰對誰錯，常會因為資訊不足較難判斷，反而變得在爭辯爸媽有無偏心而得到反效果。

建議如果衝突不會導致「危險」狀況，爸媽盡量不要過度介入，而是將孩子分別帶開。如果必須要處罰時，可以詢問孩子的決定，例如，是否「原諒」對方，或是要一起「接受處罰」。提供孩子選擇的機會，通常孩子會比較願意接受，而不會有太多的情緒起伏。

處理衝突的原則是，**詢問孩子時應盡量使用簡短的語句，不需要過多的解釋與說明**，否則反而容易導致孩子的誤解，結果又會引發情緒。此外，必須特別注意，如果不巧小的正巧在「第一反抗期」，請不要問他：「好不好？」反正他的回答，一定千篇一律的是「不好」，結果反而會讓情況變得更僵。

漸漸地**減少大人的介入，老大很快就會知道，如何才能和老二和平相處了**。

當孩子說你都不愛我時……

記得提醒自己，不要將這句話太放在心上，孩子只是想要傳達，「好想要你陪我」而已。對於孩子而言，時間是絕對的，只有現在，沒有未來，所以建議適時地修正與孩子互動的方式，多花一些時間在孩子身上，很快的孩子就可以感受到爸媽對他的疼愛。

對孩子，我們往往都是給予相同的愛，有時**過度強調公平性，反而會讓孩子感到失落**。因此，如何減少彼此間的衝突，適時地分開孩子，有時讓孩子可以享受到專屬的寵愛，反而會是一個最好的方式。

我也要
吃嘴嘴

孩子的退化行為

〔案例〕

小惠本來已經可以一覺到天亮，晚上也不用起來喝奶，但是隨著妹妹的出生，晚上難免會被哭聲吵醒，原來好不容易養成的習慣，突然之間又變得不是很穩定。這天妹妹還是很準時的在凌晨一點二十分哭了，媽咪也立即起床準備餵妹妹，這時小惠也半夢半醒的拿著小被子跟在媽咪的後面走出來。媽咪泡妹妹的奶時，小惠在旁邊呆看著，媽咪安慰小惠說，「等下媽媽餵完妹妹就去陪你睡覺」，並隨手將泡好的奶瓶放在茶几上，沒想到媽媽才去抱妹妹出來，奶瓶就不見了！回

頭一看，小惠居然躲在沙發後面，自己喝起奶瓶來。小惠早就不用奶瓶了，為什麼會突然變得像小寶寶一樣呢？

孩子為什麼會這樣？

「退化行為」(Regression) 不一定是因為弟弟妹妹出生所導致的，**當孩子面臨壓力、遭受挫折時，也可能會有行為倒退的情況出現**。因為孩子還沒有辦法調適自己的情緒，所以會退縮到嬰兒時期的行為來吸引爸媽注意，以安慰自己受傷的心。這種行為倒退的情況，也就被稱為「退化行為」。這是一種「心理防禦」的機轉，不僅僅在小孩子身上會出現，有時成人也會有類似的行為，例如，和老公吵架就去買一大堆甜點來吃，藉由吃來安慰自己的情緒。這是孩子自我調整的階段過程，不必過度「處罰」或「抑制」，不然可能導致孩子將自己推到想像的世界裡面而變得孤僻。

・我需要你的「照顧」

當孩子出現吃奶嘴、尿褲子、喝奶、包包巾等「退化行為」時，請不要過度擔心，這只是為了傳達「我也還小，需要你照顧」的訊息，所以才會出現這些讓人好氣又好笑的行為。

「退化行為」不一定出現在三、四歲，甚至九、十歲也有可能，請不要誤以為孩子在搗蛋、故意找麻煩。而是，**正視孩子的要求，給予孩子明確的承諾**，才可以減少孩子退化行為的發生。越是忽略孩子所提出的「要求」，越會使「退化行為」更加嚴重，甚至會出現故意大便在褲子上面的情況。

・正面鼓勵才能轉移

「妹妹只要哭，就可以被抱起來，那我也要。」基於這樣的心態，孩子開始會出現一些退化的行為，因為他想如果自己像嬰兒一樣，什麼都不會，是不是就可以得到你的關愛？

孩子所需要的，其實很簡單，就是希望可以分得你一部分的關愛，也因此「處罰」不會有任何的幫助，反而只會讓情況變得惡化，讓孩子越退越回去。相反地，而是給予當孩子表現好時，給予更多的「鼓勵」，讓孩子知道爸媽還是一樣愛他。

引導孩子去做一些百分之百會成功的事情，然後趁機「獎勵」孩子，稱讚孩子，「你長大了，好厲害喔！」透過正向鼓勵的過程，才能轉移孩子退化的行為，使他逐漸恢復到原來的正軌。

・乖巧不是必然

孩子很乖巧不是必然，必須要給予鼓勵。我們常常覺得孩子應該要很聽話，而將這些當作必然的，所以經常忽略沒有給予鼓勵，事實上，孩子表現得很好、聽話時很需要我們的讚許。因此，孩子會去尋求可以獲得你注意力的方式，當妹妹哭鬧時，你一定會出現，很快地他就會產生錯誤連結，認為那是最好的方式，所以就會導致「退化行為」。

事實上，雖然有了老二，我們對於老大的疼愛往往是一樣的。但是，如果沒有明確地表達讓老大知道，孩子往往無法適當的察覺，而會出現尋求「注意力」的行為。請記得不要吝嗇表達你對孩子的「愛」，記得親親孩子和他說，「你是爸媽的大寶貝」。

・偶爾寵愛也無妨

孩子偶爾出現退化行為時，請不要過度緊張，也不要有情緒，因為孩子只是在表達他的「失落感」，這樣的表現只是在提醒爸爸媽媽，他需要你們的安慰與疼愛，這只是孩子「撒嬌」

的一種方式，而不是搗蛋，只是方式很不成熟罷了。

假想如果有一天，你突然想跟老公撒嬌，才開始小鳥依人地靠在他身上，準備柔聲的說聲，「辛苦了。」他卻馬上把你推開說，「幹什麼，我沒錢喔！」你會不會覺得很掃興呢？

同樣的，孩子假裝自己還是一個嬰兒，需要爸媽抱著喝奶，難道不是一種撒嬌嗎？**孩子只是想要重溫幼時被爸媽疼愛的感覺**，就偶爾寵愛孩子一下，當作是他表現好的獎勵品吧！

專家爸爸這樣教

當家裡突然有一個嬰兒時，孩子很快的就會從喜悅變得悶悶不樂。最重要的原因，不外乎就是我們陪伴孩子的時間明顯地被嬰兒佔據了。這時，孩子會因為想要獲得爸媽的關注，而出現模仿嬰兒的行為，像是，吵著要奶嘴、不要吃飯也要喝奶、一定要用奶瓶，要包尿布的情況。這時，「包容」是最重要的，站在孩子的立場想一下，孩子為何會如此做呢？絕對不是「唱反調」，只是想要「撒嬌」，所以先調整我們的心態，帶著孩子們一起長大，正向地傳達我們對他的疼愛。

第一階段　尊重而不嘲笑

請告訴自己，孩子只是暫時出現「退化行為」，只是想要得到關愛與照顧，但是卻無法清楚地說出口。因此，當孩子變得像嬰兒時，請務必記得不要「嘲笑」他，例如，「看你像個小寶寶，羞羞臉！」這樣的話語，不但毫無幫助，反而會讓他感到更加的不安，導致「退化」行為變得更加的嚴重。

這時，我們最需要的是了解孩子的思考、尊重孩子的感受，才能幫他從這樣的不安中，漸漸找回原來的步伐。讓孩子知道即使他已經是「哥哥、姊姊」，爸媽對他的愛，還是像以前一樣，不會因為多了一個嬰兒，就會有所不同。

確實，照顧小嬰兒需要花費許多精力，難免會出現忽略大孩子的情況。但是，只要記得，**給予孩子更多的擁抱及口頭上的鼓勵**，孩子就可以明確地感受。請收起你的「抱怨」，很快地就會發現，孩子變得越來越配合了。

第二階段　讓孩子知道長大的好處

讓孩子知道「長大的好處」才是改善的關鍵。依照孩子的年齡，安排一個全新的經驗，當作是孩子長大的禮物。跟孩子說，「這是大姊姊才可以做的喔！」

當三歲時，可以讓孩子學習騎腳踏車，讓孩子從中獲得成功經驗，**藉由「新活動」來轉移孩子的注意力，讓孩子可以體會「長大」的好處**，並且與爸媽分享他的喜悅。孩子自然就不會想要當嬰兒，因為他知道，當大哥哥、大姊姊可以獲得更多。透過實際的感受，比你耐著性子和他不斷的說明都還要有用。

第三階段　照顧弟弟（妹妹）好棒

讓老大學習分擔照顧老二的責任，除了可以從中學習如何分擔家務之外，更可以從中學習如何與妹妹相處。最基本的可以讓老大幫忙丟尿布、唱歌給弟弟（妹妹）聽、幫弟弟（妹妹）拿換洗衣服等，這些老大可以容易完成的事。在孩子當完你的小幫手後，請抱抱他並且告訴他，「你好棒喔！是個很棒的大哥哥（大姊姊）喔！」這樣的鼓勵既真實又有成就感。

當孩子有工作可以做時，他很快地就會知道如何表現才能獲得爸媽的讚美，當然也就能樂在其中。透過照顧別人與善待他人中，學會待人處事的道理，並且從中了解自己與嬰兒的差別。帶孩子不只是帶人，更要帶孩子的心，**有了老二後，不只是老大要長大，連帶的爸媽對待老大的心態也要長大**，將哥哥姊姊當作一個可以幫忙的「小幫手」，而不是一個凡事依賴的「小寶寶」了。

情緒先修班

當孩子又要吃奶嘴時……

不要責怪孩子又退步了，更不要嘲笑孩子，否則只會讓事情變得更為複雜。當然，最重要的是，不要因此而發脾氣，請記得這是孩子想要安慰自己的方式。**「吃奶嘴」的過程可以讓孩子藉由吸吮獲得大量的本體感覺刺激，類似擁抱的感受**，也從中讓孩子獲得安慰，以彌補孩子想獲取的擁抱。

因此，孩子會透過吸奶嘴、奶瓶、咬手指等方式，來降低自己的不安全感。過度禁止，卻又無法給予孩子所需要的「擁抱」時，往往會導致孩子出現情緒混亂的狀況。

帶嬰兒會耗費許多的精力，所以建議不要在最累的時候與孩子堅持，因為那時我們控制情緒的能力也會降低，就當作偶爾給孩子一些寵愛，放輕鬆點。先包容，然後再尋求解決的方式，這看起來好像是放任孩子賴皮，但是實際上卻是最有效的方式。

媽媽
那是什麼？

孩子的好奇心

【案例】

小惠兩歲半之後，說話越來越清楚，也越來越會表達自己的意見，常會脫口說出一些讓爸媽意想不到的「詞彙」。對事情充滿的好奇，每天都在不停的問，「那個是什麼？」就像是跳針的唱片一樣。這天，媽咪帶小惠去買午餐，在跨越人車繁忙的十字路口時，小惠突然停下腳步不動，完全不顧快要變成紅燈的交通號誌，逕自蹲在斑馬線上，眼睛緊盯著下水道的排水孔。大約三秒後，很開心地抬起頭，興奮地看著媽咪，小手指著排水孔說，「那個是什麼？」讓媽咪氣到快要發火，

只好先抱起小惠走到人行道，再跟他說明；如果沒有得到答案，小惠可能又會纏著媽咪狂問好一陣子，究竟小孩子為什麼會一直問不停呢？

孩子為什麼會這樣？

「好奇心」（curiosity）是一種與生俱來的天賦，孩子透過對於事物的好奇，想要找到正確解答，來不斷的吸收與學習。對孩子而言，整個世界就像是一個巨大的遊樂場，充滿著許多他想不到的驚奇，等待著他去探索與發掘。根據皮亞傑（J. Piaget）的認知心理學，人本身有一種認識外界的傾向。當人遇到新事物，又無法利用已有的知識去處理時，內心便會產生一種認知上的不平衡，使人設法去同化和調適。這種認知上的不平衡，就會引起好奇心的產生，而迫使孩子必須去找出適當的解釋，才能讓他感到安心。但也正因為如此，孩子就會出現一直問不停、迫切想知道答案的情況，這不是孩子在搗蛋，而是孩子在學習上的特質。

・「好奇心」是最佳學習動機

「好奇心」是學習的最佳動力，也是人類文明的原動力，是一種與生俱來的天賦。著名的心理學家 Harry Harlow 說：「學習不是為了獲得報酬，促使一個人學習最好的方式是激發其好奇心，引起自身的學習動機，讓他會為了求之而去求知。」孩子對於事物常常都充滿著「好奇」，只要看到不熟悉的東西，就會不停地詢問、觀察、碰觸，從這樣的過程中找到自己想要知道的解答，並從中學習與創造。因此，千萬不要因為一時覺得麻煩，就壓抑孩子的「好奇心」。

・問不停的問題

孩子整天問不停，並非是他不願意控制自己，而是受到內在動機的驅使所出現的行為。當孩子擁有的知識與實際狀況衝突時，就會讓他產生一種不協調的感受，因此他會覺得不安，一定要找到答案才能安心；正是這樣不舒服的感受，讓孩子不停的問問題，期望可以獲得正確的答案。越是故意去忽略孩子的提問，反而會讓孩子感覺有東西懸在心上，而感到更不安，結果就會出現一直纏著爸媽問「為什麼」的情況出現。

很多時候，孩子雖然已經知道正確的答案，但是還是會不停地詢問相同的問題，那是因為孩子希望**透過爸媽回答的「標準答案」，來增加自己的安全感**；所以常常會反覆地詢問一至二十遍也不厭煩，這時請不要因為一時的情緒，故意回答相反的答案，以免反而使孩子問個不停。

・孩子的注意力特質

孩子對於所有沒見過的東西都會充滿好奇，常常會東看西看，但是就是不能專心的持續一陣子，常常才玩上手就想要換一個。孩子與成人的注意力特質有明顯的差異，就像是「燈籠」與「手電筒」。成人因為已經非常熟悉生活周邊的各種刺激，因此可以將不必要的刺激隔離開來，就像一支手電筒一樣，可將光線聚集在一點，即可將注意力集中在一起。相對而言，孩子畢竟才剛剛開始學習探索環境，有許多不曾看見的有趣事物開始出現在身邊，因此往往無法抑制自己的「好奇心」，對所有出現的新刺激都會去注意，就像是一個燈籠一般，四處發散自己的光芒。

・滿足「好奇心」的發展

寶寶天生就很好奇，只是「好奇心」在不同年齡的呈現方式不同。在出生到一歲時，小寶貝最好奇的是自己的身體，用感官來探索這個世界。拿到新東西，會先咬一咬、舔一舔、聞一聞，這就是他的探索方式。當孩子二歲時，會突然察覺到所有的東西都有一個「名字」，且正逢語言爆發的關鍵時期，因此會開始出現，「這是什麼？」的疑惑。當三歲之後，孩子就開始喜歡問，「為什麼？」因為他迫切的想要知道答案，並且從自己動手的過程中滿足其好奇心。但是，由於孩子還無法自己找出「答案」，所以就會常纏著爸媽不放。

大約要等到四至五歲以後，孩子才會漸漸發展出自己找答案的能力。因此，為了培養孩子的「好奇心」，爸媽可要花上兩至三年的耐心，等待孩子在各方面持續成長，以建築自己的知識牆。

專家爸爸這樣教

英國諺語「好奇心殺死一隻貓。」確實孩子的「好奇心」經常使得爸媽很困擾，像是不停的問問題、頻頻打斷別人說話、亂碰觸物品等。但是，孩子的「好奇心」卻也是最好的天賦，正因為對事物充滿好奇，才會不停地學習。

「好奇心」是人類創造的原動力，滿足孩子的好奇心是重要的。特別是這個變化快速的時代，很難想像過去我們使用的電腦磁碟片，只有 1.4M，現在隨便一部電影的容量都要 2G，即便是我們最常用的智慧型手機的容量也都是 16G 起跳。孩子未來面臨的世界只會變化更快，因此孩子需要學習的，不僅僅是學校中教導的知識，更要能應付未來生活的變化。讓孩子對事物都充滿好奇，有主動學習的動機，尋求解答的能力，正是我們身為父母可以幫孩子準備的一項禮物。

第一階段 重視孩子的提問

孩子之所以問問題，絕對不是故意找麻煩，而是受到「好奇心」的驅使，因此**重視孩子的提問，認真答覆孩子的問題**，是減少孩子提問最有效的方式。千萬不要隨口回答或敷衍了事，當孩子每次獲得的答案不同時，就會再多問一次，以期望獲得「正確答案」，結果反而導致孩子更愛問問題。

由於孩子語言理解能力尚未完全成熟，因此**解釋時，請盡量簡短而明確**，以免孩子因為冗長的解釋而誤解你的意思，反而得到更多的疑問，當然就會問更多的問題。

當爸媽手邊有工作在忙時，也不必馬上停下手邊的工作「立即」回應孩子的提問。我們雖然鼓勵孩子提問，但是也需要尊重他人，因此，不妨明確地請他等待一下，像是說，「媽媽現在手上拿著杯子，等我放到桌上再過來幫你的忙。」但是，把手上的事完成後，要記得你的小小承諾，立即陪伴孩子並鼓勵他很棒，有聽話好好的等待。千萬不要一直將「好好好，我等一下就告訴你！」掛在嘴邊，但卻從來沒有做到，以免使讓孩子更堅持一定要馬上知道答案。

第二階段　允許有犯錯的機會

因為好奇心，孩子會不斷嘗試許多新鮮的事物，並且自己動手來驗證剛剛學到的知識，但卻會導致一些問題。例如，看到媽媽將巧虎 DVD 放進播放器裡面，就將自己仿畫的巧虎 DVD（紙卡）塞進播放器，期望也可以看到巧虎，結果當然是被媽媽罵了一頓。

當孩子充滿好奇時，無疑地也會增加他犯錯的機會，這時應該幫孩子準備好「安全的環境」，**將可能會導致孩子「犯錯」的物品暫時收起來，而非一味禁止孩子嘗試**。例如，給兩歲的孩子看繪本時，可以準備紙質較硬的書籍，以免孩子在翻頁時可能會不小心撕破。

當孩子在嘗試新事物時，在安全無虞的前提下，允許孩子有犯錯的機會。千萬不要孩子第一次做錯時就加以責備，這樣反而會讓孩子抗拒嘗試而變得越來越被動。讓孩子可以自由自在的嘗試，且不會有擔心害怕的風險，自然就能享受到學習的樂趣。

第三階段 教導如何找出答案

當孩子提出的問題，爸媽也不知道的答案時，請不要急著回答孩子，因為這正是引導孩子如何找出答案的機會。引導孩子跟著爸媽看書，透過書籍或繪本和

當孩子一直問不停時……

孩子一直重複問同樣的問題，明明已經和他說過一至二十次，他卻還是問不停，常常會讓大人感到厭煩。這時請不要生氣，也不要不耐煩地回答：「不是已經和你說幾十遍了，還一直問。」因為這聽起來不是孩子期待中的答案，反而會讓孩子感到焦慮，而又再問個不停。直到聽到你回答他心目中的「標準答案」才會心甘情願地停下來。

正確的回應方式是，仔細認真地回想一下，是不是家人對於這個問題，都會給予相同的答覆？建議統一全家人的「答覆」，讓答案一致才是最有效果的方法。相反地，如果「答覆」都是一致的，卻依然有相同的困擾時，則建議使用「轉移注意力」的方式，鼓勵孩了去做一件百分之分百會成功的事情，再給予孩子鼓勵與獎勵，就可以減少孩子不停問相同問題的情況。

孩子一起找答案；透過實際示範，孩子很快就會知道，如何透過查詢書本來找到自己想要的答案，之後碰到問題時，他就會開始學爸媽假裝自己在查資料的樣子。

四歲以前，孩子的語言表達能力尚未成熟，有時提出的問題會含糊不清。這時不妨幫孩子將他的問題聚焦，把問題重新組合一遍，再請孩子跟著覆述一次；透過這樣引導的過程，讓孩子學會如何正確提問，同時也讓爸媽更明瞭孩子的問題，更容易給予正確的答案。

四歲以後，就可以透過反問孩子，「你覺得是什麼呢？」、「你覺得它像什麼？」等開放式的問題，讓孩子有思考的空間；透過這樣的過程，可以讓孩子練習推想、猜測等找出答案的方式。在尋找答案的過程中，可以進一步地將繪本或童書拿給孩子，讓他嘗試自己找找看，再帶著他一起唸出裡面的內容。很快地當孩子想要知道答案時，就會自己去找出書籍來翻，只是可能還是需要依賴爸媽幫忙唸出來。很快地，當孩子在九歲時，就可以完全自己閱讀而不需要任何協助。

妹妹
也沒有收

孩子對公平性的堅持

〔案例〕

小惠對於收拾東西越來越賴皮，每每媽媽都在後面唸了好幾次，還是不願意整理。妹妹在旁邊玩得很開心時，小惠更是變本加厲，不僅全然不配合，還故意去逗著妹妹甚至追他，惹得媽媽生氣了，小惠依然還是跑來跑去，最後被處罰時，小惠卻理直氣壯的說，「妹妹也沒有收東西啊！」所以還是不願意收拾玩具。最後，總是逼得媽媽說要將玩具送給阿財（貓咪的名字），小惠才會哭著衝過來收玩具。究竟是什麼原因，讓小惠變得如此不聽話？尤其是妹妹在旁邊時更愛唱反調，但明明有時候很貼心啊！

孩子為什麼會這樣？

孩子對於「公平」很重視，即使是兩歲的孩子，也可以察覺到公平，如果媽媽對各別孩子的要求是不一致的，就會導致衝突。孩子所謂的公平是執著於「數量」上的公平，且無法考量年齡因素。例如，要姊姊收全部的玩具，但是妹妹卻只需要收一個，就會導致「不公平」的衝突，甚至出現故意不願意配合的情況。事實上，這並非是孩子不乖，而是對於「多與少」的數量概念正在萌芽的結果。

・孩子所謂的公平性

對孩子而言，「公平」不僅是物質上的數量，更重要的是爸媽的疼愛，特別是當妹妹佔據媽媽較長時間時，孩子就會更著重「物質」上的公平，來彌補內心沒有滿足的失落。因此，在引導孩子間的公平性時，千萬不要將「大的就是要讓小的」視為最終準則，不然可能會導致更多的衝突。

・面對同工不同酬時

心理學的動物實驗中，當心理學家教導兩隻小猴子拿小石頭來換食物時，使用壓克力製的籠子將兩隻小猴子分關在不同的籠子中，讓牠們可以觀察到對方。然後，當A猴子拿小石頭來交換時，就給牠一片小黃瓜；當B猴子拿小石頭來換時，則給牠一顆葡萄。原本拿到小黃瓜很開心的A猴子，在第二次又拿到小黃瓜時卻會生氣地丟到心理學家身上。原因很簡單，因為都是用小石頭來交換，為什麼B就可以換得比較好的水果？孩子對於「公平」的堅持，也是如此，我們有沒有給予孩子相同的對待？是否因為孩子是「哥哥、姊姊」，就給予更多的要求？

・了解「多與少」的概念

請不要擔心，孩子不是變得自私自立，而是變聰明了。在兩歲以前，對於「數量」的概念相當模糊，只有很單純的「有」與「沒」兩種，就像是「0」和「1」一般，只要有，不論多少都可以，兩個或五個基本上沒有差別。然而，**當孩子長到三歲時，對於「數量」的敏感度會突然的精進**，對於「多」與「少」分辨得清清楚楚，就算是少一個，孩子也會斤斤計較。正因為對「數量」理解的急速發展，孩子會變得越來越聰明，但也伴隨著副作用，就是孩子變得不那麼大方而且非常愛計較。

・不純熟的判斷

孩子對「多」與「少」概念剛剛開始萌芽，所以還是會有「突鎚」的時候，而使爸媽覺得孩子在無理取鬧。在皮亞傑的「體積恆存」實驗中發現，當相同容量的水，注入同直徑寬度的杯子時，孩子會將「高瘦」的杯子視為比較多，而將「矮胖」的杯子視為比較少。因此，常常就會因為錯誤的判斷而堅持己見，認為爸媽不公平、偏心。這時，請多給孩子一些包容，不需要處罰孩子，孩子只是需要多一點的練習。

專家爸爸這樣教

當孩子到了三歲，隨著對於所有權、多少、大小等認知能力開始發展，對於「公平性」會有更多的堅持，甚至會導致家庭之間的衝突。特別是當家裡多了一個弟弟或妹妹後，基本上就不太可能做到百分之百的公平，特別是與「物質」無關的事物。

所以，我們會不斷的提醒孩子，「你是哥哥（姊姊）所以要多做一些。」但這就如同老闆說，「你比較優秀，所以要多分攤一點工作。」這樣的理由你能欣然接受嗎？同樣的，對孩子來說也是如此，即使你說破嘴想要說服孩子也是徒然無功。

重點不是「公平」而是「互惠」。**教導孩子因為你很棒，所以可以「幫助」別人，「互惠」才是我們要引導孩子學習的事情**，而不是強迫孩子接受大人所謂的「公平」。先給孩子們一樣「公平」的工作，再引導姊姊「多做」一些，像是幫助妹妹完成事情，才是比較正確的方向。

第一階段　不將「公平」掛在嘴邊

當有兩個孩子之後，深怕自己不能公正地對待孩子，又不想讓孩子感覺偏心的爸媽，很自然的會常將「公平」兩個字掛在嘴邊。像是，「你要給妹妹一個，這樣才公平喔！」、「一人一個才公平」、「不可以一個人全部吃掉才公平」。

然而，在無形之中，卻也加深孩子對於「公平」的堅持，讓孩子在面臨自己覺得不公平的狀況時，出現行為上面的抗拒。改變大人比改變孩子來得快速，畢竟我們已經可以控制自己的情緒，所以大人先練習減少強調「公平」的頻率，通常就會快速產生效果。

第二階段 以弟弟（妹妹）的能力為基準

當請孩子一起幫忙時，請以弟弟（妹妹）可以做到的範圍為基準，這樣就可以暫時避開因為「公平」而導致的衝突。如果老二的能力只能將玩具放進盒子中，那對老大也應該做相同的要求，這樣才能讓兩個人都願意一起收拾，這是我們要求孩子一起做的第一步。

倘若一開始就給予繁雜的條件，像是嚴格要求孩子將玩具分類收好，不可以全部丟在一起，結果因為妹妹做不到，而變得只剩姊姊一個人在收，反而會使得姊姊更不願意收拾玩具。

對孩子而言，「習慣」是很容易養成的，所以當老大及老二願意一起收拾玩具，並且養成習慣之後，很快地，請老大幫忙做事情時就不會拖拖拉拉。最初孩子不願意配合，常是因為我們一直以老大的能力作為基準，結果使得老二一直在旁邊看，導致孩子情緒上的「不願意」。所以，最重要的是，**先養成孩子們的「責任感」，而不是急於教導孩子分辨「公平性」**，先讓孩子願意做，比公平不公平來的更重要。

第三階段 引導孩子學會「互惠」

「公平」與「互惠」是一體的兩面，過度強調公平，往往會伴隨更多的爭執。不要用「你是姊姊，所以要幫忙妹妹」的說法，以免使孩子抗拒；雖然在要求下，孩子還是會勉強配合，但久而久之就會變得被動，非得要拖到最後一刻才願意去做。

「禮讓」是需要學習與鼓勵的，不要吝嗇給予老大鼓勵。透過爸媽讚美老大「成熟」的舉動，讓孩子更願意嘗試「幫助」妹妹，灌孩子一些迷湯，像是，「姊姊做的好快，再幫媽咪做一些！」、「姊姊今天好棒，幫妹妹拿書包，妹妹一定很喜歡姊姊！」、「姊姊真的長大了，是媽咪的好幫手！」

在生活中，仔細觀察孩子間的互動，**若老大出現貼心的舉動，一定要及時稱讚**，孩子會對爸媽的細心觀察感到驚訝，也因為感受到被人重視，而更願意重複友愛的行為。

情緒先修班

當孩子抱怨不公平時……

請不要擔心孩子變得自私自利，也不要責怪孩子不會照顧弟弟（妹妹），將一頂大帽子硬扣在孩子的頭上。強調「公平」是孩子的天性，特別是在兄弟姊妹之間，因此在鼓勵孩子時請暫時避開提及「弟弟」、「妹妹」。

例如說，「你好棒喔！幫媽咪一個忙好嗎？」而不是說，「你幫妹妹，把玩具都收起來。」前者的說法孩子通常比較願意配合，因為另一個孩子常是孩子競爭的對象，所以越是提到要幫競爭對手，孩子就越容易出現情緒上的抗拒。

「禮讓」是一種習慣，先讓孩子習慣當爸媽的「小幫手」，很自然地就會當弟弟妹妹的「大幫手」。

孩子的攻擊行為

一生氣就咬人

【案例】

小惠越來越會和妹妹玩了，也常常想拿水果給妹妹吃，之前相處都還不錯，算很照顧妹妹。妹妹也非常喜歡小惠，常常會緊緊的抱著姊姊，連出去逛街都要牽著姊姊的手才願意走路。但是，最近不知道為什麼，小惠和妹妹一起玩扮家家酒時，妹妹居然在小惠的手臂上，狠狠地咬了一大口。小惠第一次被咬的時候還不敢哭，好像有點不敢相信的樣子，結果妹妹又再追上去，想要咬姊姊的肩膀，小惠才被嚇得哭出來。

這樣的狀況在兩個人一起玩遊戲的時候逐漸

變多，妹妹想要搶著玩時，就會突然咬小惠一口，讓媽媽非常擔心，妹妹是不是有暴力傾向，會什麼會攻擊姊姊？是不是應該處罰？該怎麼和妹妹溝通？

孩子為什麼會這樣？

「攻擊行為」的定義為，兒童打人、罵人、推人、踢人、搶別人的東西（或玩具）等行為，它是一種兒童因為慾望得不到滿足，採取有害他人、毀壞物品的行為。

心理學家研究發現，兒童在兩歲末便開始表現出最早的攻擊性行為，而在三至六歲出現第一個高峰，十至十一歲出現第二個高峰，一般男孩強於女孩。**攻擊行為通常不會平白發生，而是孩子面臨衝突卻沒有能力解決時，才會出現的情況**。適時介入避免孩子使用錯誤的方式，就顯得相當重要；對於攻擊行為，不可以姑息，但也不必責罵。很多時候，**處罰是必要的，但是必須要避免發脾氣式的責罵**。

・「攻擊」是一種本能

當面臨危險時，為了要維持生存，人會出現「逃跑」與「攻擊」的反應。因此，「攻擊」可以算是維持生存的一種本能，用以保護自己免於受到生存的威脅。

所以，當孩子覺得受到侵犯、感受到威脅時，就會出現「攻擊」的舉動，但這並非是指孩子有暴力傾向，而是受到情緒波動的干擾所引發出來的行為。這時，最重要的不是處罰，而是應**設法減少孩子情緒的波動，並且引導正確的處理方式**。請千萬不要將孩子貼上「個性不好」的標籤。

・「說」沒用就動「口」

兩歲至三歲的孩子，雖然已經會說話了，但畢竟還沒有辦法百分之百地傳達自己的感受，特別是情緒。孩子會出現「攻擊行為」，**最常見的原因是「說不清楚」，無法將自己想要表達的事情出來**，但是自己的東西眼看就要被拿走了，情急之下就「咬」下去或「推」下去。

當然，很多時候對錯很難說，但是只要動手傷害到別人，就會導致孩子被責罵或處罰。特別是兩歲至三歲的孩子，對於物品的所有權特別重視，因此特別容易出現「攻擊行為」。

・「氣話」比打還要痛

很兇地責罵孩子，不打孩子，真的會比較好嗎？事實上，**氣話對孩子的傷害更大，會傷了他的自尊心**。建議在處理上要特別小心，可以處罰孩子，但是請不要在氣頭上，否則容易衍生更多意想不到的問題。

特別是當孩子承受到「負面情緒」時，常會將「怒氣」轉移到較弱小的人身上，藉由發洩來平衡自己情緒。就像是開會被老闆責罵，因為不能回嘴，憋了一肚子氣，回到自己的單位責罵下屬是相同的道理。這種心理調適的機轉，就是「轉移作用」(Displacement)。

只是孩子並沒有「下屬」可以出氣，所以理所當然的倒楣的就是弟弟（妹妹）。結果大發脾氣的處罰方式，不但無法減少孩子的攻擊行為，反而會使孩子承受許多的「怒氣」，使老大與老二間的衝突日益加重。

・孩子靠模仿來學習

模仿是上天賜給孩子最好的禮物，當孩子還是嬰兒時，就喜歡盯著爸媽的面容，仔細地端詳與模仿表情；也正因為喜歡模仿，嬰兒從中學習到如何控制自己的嘴型，而漸漸地學會說話，從一個只會喃喃發音的嬰兒，轉眼間變成滔滔不絕的小大人。

同樣的，當我們經常露出很生氣的表情時，孩子也會百分之百模仿，結果，不單是沒有透過表情來提醒孩子停止不適當的行為，還讓孩子學習過於強烈的表情。

孩子就像海綿一般，努力學習身邊的所有事物，但是卻不會分辨是否恰當，因此，建議**帶孩子時，不要給予孩子過強的「情緒」，不然孩子會模仿憤怒的「表情」，但實際上卻沒有那樣強烈的「情緒」**，最後導致惡性循環，使孩子的攻擊性變得更為強烈。

當孩子有「攻擊行為」時，我們需要做的是「制止」，而不是對孩子「生氣」。用實際的動作，讓孩子了解應該做的事情，但不是情緒的反應，才能正確的引導孩子。

專家爸爸這樣教

二歲左右的孩子，在思考的特質上以「自我為中心」，所以不會考慮他人的感受，動作反應是非常直覺的，想要的就會去搶。孩子並非是惡意的想要打人，讓別人身體受傷；而是用打人來當作「工具」，讓自己可以獲得想要的玩具。三至四歲時，隨著語言表達能力的增加，漸漸地學會如何溝通與協調後，攻擊行為也就會漸漸地降低。

「攻擊行為」可以視為一個成長的過渡階段，不用過度擔心孩子學壞了或是在教養上出了什麼問題，更不可以過度處罰。在協助孩子的過程中，最重要的就是爸媽之間必須要有「一致性」，千萬不要一個覺得還可以，另一個卻覺得要嚴格處罰，以免孩子搞不清楚到底應該要如何做。

請不要將孩子貼上「個性不好」的標籤，而是**找出孩子在哪種情況下容易出現「攻擊行為」，然後幫孩子避開這些衝突**，才是比較好的方式；畢竟孩子還沒辦法自己決定活動，也還不會跟同伴討論，所以此時我們最需要做的就是「預防」。

第一階段　預防衝突的發生

如果孩子的「攻擊行為」一直出現在特定的事件或人物上時，不應是在孩子違規後，突然跳出來處罰，而是應該幫孩子避免問題發生的可能性。例如，孩子在玩玩具時，特別容易出現攻擊他人的行為，這時就必須暫時有爸媽在旁邊陪伴，居中擔任「協調者」以減少不適當行為可能發生的機會。基本上，當孩子持續兩週沒有攻擊行為，很快的孩子就會忘記這樣的不適當行為了。

此外，孩子無法了解自己的體力極限，常常會玩得太開心，如果爸媽沒有幫忙控制，孩子就會出現「過度放電」，導致體力透支而使情緒控制能力變弱的情況，結果往往是高高興興的出門，哭哭鬧鬧的回家。請幫孩子控制活動的時間，特別是應該以弟弟或妹妹的體力為基準，**不要讓孩子過於疲勞以減少孩子的情緒起伏**。

第二階段 營造良好的氣氛

在高度壓力的情境下容易誘發孩子的情緒波動，更容易導致攻擊行為，所以，營造良好的家庭氣氛絕對是重要的。暫時減少對孩子的「責備」，並觀察是否有其他導致孩子壓力的情況發生，例如，戒尿布、上學等，以減少孩子的心理壓力。對孩子而言，最大的壓力莫過於爸媽之間的爭吵，當然在夫妻溝通的過程中，難免會有各自的堅持，但請記得絕對不要在孩子面前爭執。

對孩子來說，只要可以黏在爸媽身上就可以獲得安全與安慰。不妨透過睡前的故事時間，使用繪本來引導孩子認識不同的「情緒」與自己的「感覺」，例如，「當生氣時我的胸口都會熱熱的，嘴巴好像會噴火，大聲說出一些不好聽的話……」。透過繪本生動的圖畫與故事，引導孩子學習表達自己的感受及爸媽對他的期許，那麼下次孩子陷入「情緒」時，會更明瞭自己應該要做哪些事情，才會被被爸媽讚美，那麼就會更願意配合了。

第三階段 使用「暫時隔離法」

如果孩子依然有明顯的「攻擊行為」時，該要如何處理？處罰是必須的但並非是使用打罵的方式，相反的，**應採「隔離」的方式剝奪孩子參與活動的機會，直到他的情緒平靜下來為止**。透過讓孩子「坐冷板凳」的過程，不僅可以防止孩子繼續犯錯，也可以緩和大人的情緒。

在選擇「暫停區」時，浴室（廁所）是最不適合的地方，因為裡面有太多可以玩的東西。所謂的「隔離」並非是要將孩子關在房間裡，而是**在家中選擇一個安全的區域，放上一個小椅子，讓孩子坐在上面等待**。最初，孩子通常不會願意配合，爸媽可以先在椅子旁邊陪著，透過行動讓孩子了解——當犯錯後，必須要在「暫停區」等待，直到不哭不鬧之後才可以離開。**當孩子被暫停時，請不要急著和孩子解釋原因，不然就沒有「坐冷板凳」的效果**。

讓孩子在安全的地方等待，透過一段時間不理不睬的冷靜處理，才能真正「懲罰」他的攻擊行為，等他冷靜後再解釋原因，如此，孩子才能真正聽得進去大人說的道理。幫助孩子察覺自己所犯的錯誤，才是我們要教孩子學習的事情。

當孩子咬別家的小孩時……

當遊戲時，孩子咬了別人的小孩，問題就變得更加複雜。這時爸媽必須要面對對方家長的指責，所以備感壓力。這時，不要比孩子還要緊張，或是急著向對方道歉，而是當作機會教育，**先將兩個小孩分開來，讓彼此冷靜一下**。

第一步，並不是指責孩子咬人，而是先幫孩子把他的慾望說出來，並且認同他的想法。接著，再說明應該做的方式，才會是正確的；透過先「理解」，「講理」的方式，孩子很快就會平靜下來。

當孩子情緒平復後，牽著孩子的手說：「媽媽陪著你，去跟小朋友的媽媽說：『對不起』。」請不要強迫孩子一定要大聲地說出來，很多孩子知道自己犯錯時，反而會緊張到說不出話來，所以，可以請孩子點點頭，表示道歉就可以了。

我不是小孩，是大人

孩子的自我概念

【案例】

小惠三歲大了，說話越來越清楚，會做的事情也越來越多，像是自己吃飯、穿衣服、收玩具，就像是一個縮小版的大人，或許是因為阿嬤在吃飯的時候，常常會說，「要多吃一點，乖乖吃飯就會變成大人喔！」但是，有時候小惠卻又會突然拗在那裡，甚至是哭鬧起來，一直說，「我不是小孩，是大人」。有時候，甚至是很熟的阿姨稱讚小惠，「好可愛的妹妹喔！」小惠就會突然眼光泛淚嗚噎著說，「我是姊姊，不是妹妹」。究竟小惠為什麼突然之間，變得那麼的愛哭又固執呢？

孩子為什麼會這樣？

「固執」不是搗蛋，而是孩子「自我概念」發展出來的象徵，而在一歲半至三歲之間，更是孩子「自我概念」（Self-Concept）發展的關鍵時期。從與爸媽的互動中，漸漸了解「自己」與「他人」之間的區別，而從「堅持己見」的過程中確定自我的存在。這時，孩子期望自己可以像爸媽一樣而模仿大人的一舉一動，對於「長大」非常執著。

・認識「我」是誰

當孩子還是小嬰兒時，會透過吃手、吃腳等來認識自己的身體；八、九個月以後，更會喜歡看鏡子，透過視覺進一步的認識自己；一歲時，透過探索自己的身體，開始認字身體部位的名稱，對於自己身體的形象開始有最基本的了解。在一歲半之後，藉由認識自己的身體，幫助他了解自己並建立「自我認同」。孩子對於「自我」開始萌芽，在了解「我是誰」後，對於他人的「評價」就會變得敏感，所以容易以為被責備而哭鬧。

・「我」要快長大

由於在乎爸媽給予的評價，因此孩子迫不及待地想要長大、變成很棒的大人。這時，孩子的偶像就是爸媽，透過無時無刻的模仿，期待自己是一個大人。三歲的孩子，在探索與學習中學會越來越多的技巧，透過模仿的過程越來越像一個大人，也從中發展出自信心。正因為如此，孩子非常在意自己是不是「小孩子」，且迫不及待地想要「長大」。

・抽象理解的發展

孩子在探索自己身體的過程中，和爸媽比手掌、比腳丫、比鞋子，從中察覺的「大」、「小」之間的差距。並且隨著自我概念的發展，孩子也知道了自己與爸媽之間的區別。對於大小、多少、強弱的相對概念也漸漸發展出來。偶爾會出現不成熟的誤解，將「妹妹」、「小的」、「寶寶」歸類為「負面」的、幼稚的，而誤認為大人在批評他。由於在語句上面的誤解，而導致對於字句上的過度執著，進而引起「固執」的情況，可以常在兩歲半至三歲的孩子上看到。

・堅持「己」見

由於孩子想要表達自己已經是「獨立的人」，擁有控制「自己」的權利，所以就會出現「堅持己見」的行為。有時會表達出與父母相反的意見，或堅持一定要拿到玩具才肯罷手，常會伴隨激烈的哭鬧來表達個人意願，讓爸媽感到頭痛。但這個過渡階段，就是孩子在培養自己的獨立性，讓自己的主張不會輕易為人動搖的練習，日後才不會人云亦云。在不傷害別人或危及安全的前提下，給孩子自主與練習的機會，教導孩子如何在不影響他人的情況下做自己的主人，孩子的固執與叛逆行為很快就會過去。

專家爸爸這樣教

孩子期望自己快點長大是一件好事情，大人應先調整心態，瞭解孩子的想法，尊重孩子的感受，認為孩子長大了，想要成為獨當一面的小哥哥小姊姊是好事；尊重孩子對於字句的執著，引導孩子做出符合的行為才是最重要的。不要先入為主的認定孩子是「唱反調」，而是他想要傳達「我已經長大了」。

第一階段　不堅持孩子的稱謂

孩子不是鬧脾氣，而是暫時無法理解，所以不妨順著孩子，暫時將語言避開，避免正面衝突。例如，將「小」幫手，改成「大」幫手，這樣就會很好多。

事實上，不僅僅是孩子會有這樣的感受，就連我們大人也是一樣。如果你高升成了經理，但是大家卻還是稱你為課長，你也會不開心。同樣的，當弟弟妹妹出生後，我們期望孩子可以當一個稱職的哥哥姊姊時，也要尊重孩子對「稱呼」的堅持，這才是合理的對待。

當孩子不希望你稱他為「小妹妹」時，請幫他告訴周遭的親朋好友，請稱他為「姊姊」。特別注意，不要故意一直叫他「小妹妹」，不然只會讓孩子變得越來越固執。

第二階段　練習自己作主的機會

給予孩子選擇的機會，而不是由我們幫孩子做好全部的決定，透過讓孩子參與部分的決定，讓孩子練習自己做決策。就如同我們去採買服裝，如果店員拼命地推銷一件衣服，常常會讓我們有「強迫中獎」的感覺，但是，如果有兩件讓我們選擇、比較，感覺就好多了。因為，自己做「決定」會讓我們產生安心感，孩子的感受也是如此。

給予孩子做「決定」的權利，允許他有犯錯的機會，但不要處罰或苛責，而是當作機會教育。當孩子做錯選擇時，也不要隨口說出，「看吧！就跟你說，你就不聽。」如此反而會讓孩子變得沒自信，更容易鬧情緒，因為畢竟「選項」是我們給予的不是嗎？他只是選擇其中一個而已。**數落孩子只會讓孩子更不接受我們的「提議」，更堅持自己的想法**，變得更「固執」。

孩子之所以無法做出正確的決定，常常是因為預期能力尚未成熟。當孩子犯錯時，給孩子適當的安慰與鼓勵，教導孩子應該如何做出較好的決定，讓孩子有更多機會練習，日後他自然就能做出正確的決定。

第三階段　分辨緊急與一般狀況

自主必須要有界線與範圍，當面對與安全有關的議題時，大人就必須要顯露權威，明確的禁止孩子，要他立即停止。

當在緊急情況下，他必須學會妥協，沒有任何理由，因為這可能會導致受傷。緊急情況只可以偶爾一用，不然就像是「放羊的孩子」，很快孩子就會把它當耳邊風。

在對四歲以前的孩子解釋時，請不做用「負面教材」作示範，因為此時孩子通常是在模仿階段，在很認真學習時，容易忘記你說這些是不可以做的，導致孩子「誤會」，反而做出不適當的行為。**直接示範我們希望孩子做的正確事情通常效果最好。**

堅持不是小弟弟小妹妹，而哭鬧時…

請不要責備孩子，更不要嘲笑孩子，這只會讓情況變得更糟。孩子常常是因為「誤解」別人說話的意思，以為別人在「嘲笑」他，所以感覺到委屈而難過，而不是故意在搗蛋。這時不妨教導孩子，有禮貌地回應，「我已經三歲了，是姊姊了」。

當孩子無法表達自己的想法時常會導致情緒上的衝突，當孩子學會如何對答，就可以滿足對自己的認同，只要經過一至兩次的經驗後，情況就會漸漸地改善了。

心得筆記

PART3
培養社會化

爸媽下課
記得來接我

孩子的時間概念

【案例】

小惠開始上學的第一天，一大早就起來穿制服，在妹妹面前展示一番，宣告自己已經長大了，可以上學了。出門時，還不忘吩咐妹妹，「要乖乖待在家裡喔！」第一週的表現，真得超乎媽咪的預期，非常良好，沒有任何的不適應。但突然間，小惠變得有點悶悶不樂，也不願意跟媽媽說學校的事情，甚至還會抱著媽媽小小聲的說：「媽媽！下課後一定記得要來接我喔！」聽的媽咪都想哭了，究竟小惠是不是在學校不開心、不適應，還是被人欺負了？讓媽咪越想越擔心，也對於那麼早就送小惠去上學而感到愧疚，究竟為何小惠會一再叮嚀媽咪要「準時」接他呢？

孩子為什麼會這樣？

當面臨這個問題時，爸媽請不要過度解讀孩子的話，因為孩子對於「時間概念」（temporal concept）與成人並不相同，畢竟時間是抽象的，既看不到又摸不著，因此孩子對於「準時」的判斷，容易受到「心情」影響，並非實際上的一分一秒。在皮亞傑對兒童認知能力的研究中推論，孩子時間概念最先發展出的為「時間順序」，即具有排列出事情發生的先後能力；換句話說，**孩子認知中的「時間」並非是時鐘上面的數字，而是一件一件事情的順序組合。**例如，當他在幼兒園做完一天該做的所有事情之後，即使時鐘還沒有到下課時間，他也會以為在幼兒園的一天已經結束，會迫不及待地準備下課回家。

・當「時間」改變時

當孩子進入幼兒園時，對他而言就如同是一場「大冒險」，從熟悉的家裡到一個全新未知的環境，雖然老師很有愛心，但是孩子必然需要一些時間才能適應。這時，爸媽最需要的就是「信任」，相信自己的寶貝，有足夠的能力應付這個全新的挑戰；千萬不要過度反應，亂了自己的步調，讓孩子也變得緊張。

當生活週期改變，孩子無法預期之後需要做什麼時，就會感到不安。那種不知道究竟下一步該做什麼事情，有如懸吊在空中踏步著地的感覺，會讓孩子在情緒上產生抗拒。孩子比我們想像得更聰明，也喜歡規律可預測的生活週期；**課程越是單純、固定、變化少，孩子越會感到安心**。倘若每天的課程都安排得非常豐富、變化度高，孩子反而需要更長的時間來適應。

・說不清楚發生什麼事

在孩子三至六歲時「時間概念」開始發展，在四歲時就已經有預測「未來」的能力。但是，對於「過去」的時間概念卻是相當模糊的，只要是曾經發生過的事，一概皆是用「昨天」來表示。所以，常常會出現明明是早上吃的蛋糕，孩子卻會很高興的說，「我昨天有吃蛋糕。」由於對於「過去」時間在定位上較為混淆，因此孩子也不太能說明清楚在學校事情發生的「順序」，導致爸媽在詢問孩子學校「曾經」發生過的事情，有時就會很難釐清。這時請不要硬是要求孩子說，這樣反而會讓孩子感到「壓力」，變得過度擔心自己是否沒有做好而更加緊張。直接請老師幫忙注意孩子在學校中的細節，看看是否與同學發生爭執誤解或不適應的情況，反而是比較好的選擇。

・會發生什麼事情呢？

孩子在三歲開始，藉由生活經驗而漸漸地發展出「時間概念」，說話時也會漸漸地出現與時間有關的詞彙，像是：早上、晚上、今天、昨天、以後、下一次等；並且對於會反覆出現的事情，開始有了「週期」的概念，也變得越來越能推測「未來」。在三歲時，孩子的週期以「日」來計算，可以了解每天固定發生的事情，常常會說白天、天黑、早上、晚上。隨著能力的增長在四至五歲時開始可以了解「週」，而認識星期一到星期日。到了六歲之後，孩子開始了解每個「月」發生事件。隨著孩子對於「時間週期」的了解，孩子越來越能了解與預測即將發生的事情，因此，對於環境適應的能力也就變得更好了。至於四歲以前的孩子，常會因為無法預期隔天要做什麼事情，需要爸媽的提醒才會感到安全，所以幫孩子熟悉一週的課程安排，會讓孩子更容易適應新的生活週期。

・哪時候該回家？

當孩子在幼兒園午飯、午覺、摺棉被、遊戲、吃點心，將所有的事情都完成之後，孩子順理成章的就會知道要準備收拾書包，接下來就會開始期待放學回家。但是如果這時有一點點的變動，孩子就會出現焦慮或緊張的情況。對於大人而言，時間是非常客觀的，每天就是二十四小時，絕對不會多一分或少一秒，但是對於兒童而言，時間的長短卻與情緒相關。對於「喜歡」的事情，常常再多也覺得很短，對於「討厭」的事情，卻是一分鐘也覺得很久，所以常導致孩子在時間判斷上出現困擾。在心理學的研究中，將時間分為「物理時間」與「心理時間」兩種，當孩子在六歲之前，是以「心理時間」為主，所以當同學被媽媽接走後，就迫不及待的期望自己的媽媽立即出現，即使是短短的五分鐘，對他而言也如同一個小時般漫長。

專家爸爸這樣教

由於現實因素，目前絕大多數都是雙薪家庭，加上工作時間多半與幼兒園上下學的時間不一致，所以在接送孩子時，常常就會成為許多父母的困擾。雖然，我們都想要準時去接孩子，但是經常因為工作上無法預期的因素，導致無法如期地做到，而不知不覺的就變成孩子心中「騙人的爸媽」。爸媽所給予的「承諾」，孩子絕對是非常重視，也因此請實話實說，而不是一味配合孩子的「期許」，結果反而讓孩子感到失落而越來越焦慮。

第一階段　「準時」接孩子下課

一定要早一點接孩子回家嗎？其實這不是重點，**重要的是「準時」與「固定」**。正如同之前提及的，孩子不會看時鐘但生理時鐘卻非常準確，時間越固定，孩子就越容易養成習慣。不要急著承諾孩子會按照孩子的期望提早，但卻忽略了自己是否可以準時的現實因素；事實上，時早時晚的去接孩子，反而更容易讓孩子混淆，而產生焦慮的情況。記得在接孩子之前，預留一點緩衝時間，即使有突發狀況需要處理，也不會手忙腳亂。在接孩子時，請保持心情愉快，讓孩子知道你是很開心地來接他下課，不要讓孩子誤認為，「爸媽不想來接我」，使他對於放學回家感到焦躁不安。

第二階段　挑一天讓爸爸接孩子

孩子是用「事情」來記憶「時間」，像三歲的孩子雖然不會準確地說出上午或下午，但是如果學校的午餐是用紅碗而點心是用綠碗，問孩子是用哪一個碗吃東西時發生的事，孩子通常可以正確回答。建議不妨在一個星期中選擇一天，固定下來讓爸爸或爸媽兩人一起去接孩子，讓孩子期待這一天的到來。透過這樣的方式，幫助孩子創造出一個鮮明的「時間點」更可以幫助孩子了解「時間」的概念；孩子慢慢地就會察覺到，所有的事情都會「週期性」的重複發生，從中了解與預測「一週」當中可能會發生的事情，而更容易適應學校的生活。

第三階段　一起來認識「時間」

帶著孩子認識「星期」的時間觀念。最初，孩子最容易記得「星期五」，因為到了「星期五」就放假了，可以待在他覺得最舒適的家裡。當然，再來會記得的就是得去上學的「星期一」。幫孩子在一週的每一天建立一個「時間點」，讓孩子藉由特定的活動認識星期一到星期日。

隨著孩子對於數字先後順序的理解，當孩子五歲時就可以進一步地教導孩子看時間，並將「事件」與「幾點」相結合，例如，早上七點起床、八點出門；晚上七點洗澡、九點睡覺；幫助孩子建立「時間表」的概念。但是必須記得，大班的孩子通常只能準確的判別時鐘上的「整點」，但是對於「半點」就容易感到困惑，所以不要要求孩子準確地說出「幾點幾分」，這樣反而會讓孩子不願意和你說「時間」。

很多時候，我們都忘記自己小時候也弄不清楚時間，而用大人的眼光來看孩子。仔細回想我們小時候，究竟是哪時候才開始會準確地看時鐘呢？你會很驚訝地發現，是在七歲左右，也就是國小一年級才學會，所以請多一點耐心，帶著孩子一起長大。

情緒先修班

當孩子不願意等一下時……

「等一下」究竟是多久呢？是一分鐘、三分鐘、五分鐘、十分鐘？對於絕大多數的成人所謂的一下，通常是五至十分鐘，然而在研究上發現，**幼兒對於等一下的認知，絕大多數是在一分鐘左右**。也就是說，如果需要等待超過三分鐘以上，那就是很久而不是一下。所以請不要和孩子說：「等一下」，但是卻超過三分鐘沒有給孩子回應，久而久之孩子往往就會對「等一下」這句話變得越來越不願意配合了。

這時，可以用更**具體**的方式來讓孩子配合，例如，「這首歌結束」、「數到一百」、「串完這條珠珠」等，更能讓孩子了解要等待多久才能得到媽媽的注意與關心。如果當孩子已經清楚認識數字時，就可以引導孩子直接看時鐘上面的數字，像是，「長針走到 6 的時候才可以吃。」這樣會比妳說「等一下」來得有用喔！

兒童的人際困擾

沒有人要跟我玩

【案例】

小惠這幾天在洗澡的時候無意間說，「媽媽，都沒有人要跟我玩。」雖然，小惠說的時候一派輕鬆，但媽媽卻聽得膽顫心驚感到非常焦慮。只是因為時間已經不早了，也不方便打給幼兒園老師。隔天一大早，媽媽立刻打電話詢問老師，沒想到老師聽了卻只是溫和的回答說，「不會啊！小惠都有跟別人玩，而且還滿開心的。」但是，媽媽還是很擔心，決定下午請假去幼兒園觀看，順便提早接小惠回家。媽咪到了幼兒園時小惠剛吃完點心正跟一群小朋友在玩扮家家酒，也笑得很開心，媽媽這才安心。究竟小惠為什麼會覺得「都沒有人要跟他玩呢？」

孩子為什麼會這樣？

孩子對於環境適應的能力有限，特別是在不熟悉的情況時，孩子就會顯得較為退縮。當孩子孤零零的躲在一旁自己做事情時，常會讓家長很擔心，孩子是不是在人際互動上出現問題？以後會不會變得很孤僻？都沒有朋友怎麼辦？實際上，除了孩子天生的氣質因素之外，孩子在人際互動的發展上，大多遵循著一定的發展里程，爸媽不需要過度擔心，以免將緊張的情緒傳染給孩子，讓孩子更加的抗拒。

・喜歡自己玩？

在觀察統計上，兩歲之前的孩子常常是自己玩自己的，雖然老師在前面上課，但孩子經常是

兒童社會性遊戲發展階段

階段	年齡	發展階段
1	0 ～ 1.5 歲	游離在外
2	1.5 ～ 2.0 歲	旁觀行為
3	2.0 ～ 2.5 歲	單獨遊戲
4	2.5 ～ 3.5 歲	平行遊戲
5	3.5 ～ 4.5 歲	協同遊戲
6	4.5 ～ 6.0 歲	合作遊戲
7	6.0 歲以上	規則遊戲

自顧自的玩，偶爾會想要參與活動，但是不會太持久。到了三歲時，孩子開始對於同伴一起玩越來越有興趣，但常是在玩同一種玩具，兩個人卻有如平行線沒有太多的交集，只是自己做著自己的事情。直到**四歲之後，孩子才會在遊戲中開始有大量的對話與互動**，就像是聊天一般的開心玩。因此，過早要求孩子加入團體，只會增加孩子的壓力，反而讓孩子更加抗拒。

・不是我的可以拿嗎？

在家中熟悉的方式，在團體中突然變得不管用了。對孩子而言，家裡所有的玩具都是他的，但團體中卻不是如此，那究竟可以玩還是不可以玩？這樣突然改變的衝突，會讓孩子感到困惑而變得猶豫不決，也因為對規則的不確定性，會讓孩子變得容易緊張。當鼓起勇氣去拿想要的玩具、書籍，但卻遭受拒絕的時候，孩子就會退縮而不敢再次嘗試。

・越鼓勵越膽小？

「鼓勵」孩子加入團體一起玩，會讓孩子感到壓力，常常越鼓勵越膽小。孩子對於語句的理解尚未成熟，偶爾會出現暫時性的「錯誤連結」，**將爸媽的「鼓勵」連結上「可怕」的情況，因為每次爸媽說「加油」後就會出現一些困難的活動**。所以，當孩子比較膽小時，爸媽也應盡量放輕鬆，減少鼓勵、假裝沒事，反而會讓孩子表現得比較好。

・不知道如何開口

孩子明明就和同學玩得很開心，但卻還是會說，「都沒有人要跟我玩。」孩子是否在說謊，故意要引起爸媽的注意？不是的！**孩子想表達的是，「我想要同學玩我想要玩的遊戲。」**當孩子四歲開始，就會想要控制環境，要求別人配合他的需求，但是有時成功、有時失敗，但也是透過這樣反覆的練習，孩子才會漸漸地學習如何請求別人配合。這時，孩子卡到的問題是「不知道如何開口」邀請別人一起玩，所以只好等別人來邀請他一起玩，但玩的活動並非是他想玩的，所以會在中間出現「衝突」的感受。

・妹妹都不聽我的

過度要求孩子要「讓」弟弟、妹妹，結果每次和弟弟、妹妹相處時，都要配合弟弟、妹妹；但是，想要帶著弟弟、妹妹做自己想玩的遊戲時，弟弟、妹妹都不願意配合。由於在生活中累積過多被拒絕的挫折經驗，而讓孩子失去信心去要求別人配合；所以，在團體中就顯得被動，而不會主動要求別人，只是一味配合別人。這時，父母適時調整對待孩子的方式，暫時減少要求「禮讓」，讓孩子在生活中先獲得正向經驗，才會願意在學校嘗試。

專家爸爸這樣教

當兩歲以後，人際關係不好的孩子，不一定是有人際問題，通常只是技巧不夠成熟，所以不要過度緊張，拚命帶著孩子參加各種不同的「團體課程」，期望讓孩子有更多的人際互動經驗。如此易導致孩子認識的陌生人越來越多，熟人的比例卻越來越少，使得孩子更膽小。害羞的孩子通常比較敏感，對於一點點的變化都會過於焦慮，這時，增加孩子的「熟人數目」與「成功經驗」，才是讓孩子變大膽的關鍵。

基本上，孩子在四歲以前，往往還無法百分之百做到與別人合作，需要在大人或哥哥姊姊的協助之下才能完成，所以不要過度苛責孩子。到四歲之後，如果依然在人多時會出現抗拒的情況，才需要爸媽與老師的協助，這時我們可以使用一些簡單的方式來引導孩子。

第一階段　減少大人的引導

在幼兒園裡大多是年紀相仿的幼兒，故通常都是由大人來負責指派遊戲，不過，實際上卻是「異齡團體」較為符合真實的生活情境，就像一個大家族的孩子，常常同時有年齡不同的孩子；當玩在一起，就會由年紀大的「孩子王」來引導大家如何一起玩，經過哥哥、姊姊的示範，孩子才會漸漸瞭解「設計遊戲」、「指派活動」的技巧。而透過模仿的過程，孩子很快地就會運用在自己的生活當中，像是，如何在同伴之中安排與教導其他人。**幫孩子找到有禮貌的哥哥、姊姊，帶著孩子在遊戲中學習**，效果會比父母大量的鼓勵更有效果。

第二階段 讓孩子練習「示範」

安排孩子百分百可以成功或是十分熟練的活動，讓孩子練習當老師的「小幫手」示範給其他的孩子看。透過適當的安排，讓孩子練習當「示範組」，一來可以增加孩子的表達意願、二來可以讓孩子得到成就感，孩子自然就會願意「教導」別人；在過程中須特別注意，若是新活動則不需要刻意請孩子示範，以免孩子因為不熟悉出現抗拒的情況；或者也可以請老師通知在學校可能會有的新活動，與孩子在家裡事前先「排演」，讓孩子有「預習」的機會。

第三階段 「邀請」同學來玩

每當生日或節慶時即是絕佳的時機點，讓孩子有機會練習「邀請」好朋友到家裡玩。為了增加動機，爸媽需要預先做一些小小的準備來幫助孩子，使第一次「邀約」就可以成功。例如，帶著孩子一起做「邀請卡」，讓孩子有期待，以及若「邀請」時說的不流暢，就可以用邀請卡來邀約，只要將卡片發給小朋友，就算大功告成了。讓孩子了解透過有禮貌的「邀請」，而不是「命令」別人配合，也可達到相同的目的，很自然孩子就會知道互動的技巧。

情緒先修班

當孩子不願意進入活動時……

記得提醒自己，孩子需要一點時間來適應，請給孩子「十分鐘」。這時千萬不要說，「如果你不玩，我們就回家」、「你就是這樣子，下次不帶你來」，這樣只會讓孩子更加焦慮，更不敢離開你身邊。爸媽只需冷靜的陪伴孩子在一旁看，引導孩子觀察別人，了解別人在玩什麼？很快的孩子就會想要去一起玩了。

當孩子準備要離開爸媽身邊但卻又顯得猶豫時，請記得柔聲的說，「**媽媽會在這裡等。**」這樣短短的一句話，對孩子而言比任何的鼓勵都還來得有用呢！

同學打我，可以打回來嗎？

談自我保護

【案例】

小惠非常喜歡妹妹小瑜，雖然在家難免會因為玩具起小爭執，但只要拿東西一定會記得幫妹妹拿一份。絕大多數的時候，小惠都像一個大姊姊一樣，當妹妹哭鬧著要搶時都會讓妹妹。甚至有一次被妹妹咬一口，居然也不知道要躲，只是在原地大哭。或許是這個原因，小惠在幼兒園時也如此，在遊戲區排隊時被同學推倒在地上腳受傷，居然也沒有做出任何反應，就自己默默離開了。究竟被同學打了應該怎麼處理，該叫孩子忍耐，還是叫孩子打回來？

孩子為什麼會這樣？

團體生活與家庭生活有著不相同的界線與規範，然而這對孩子而言，卻是相當複雜的概念。雖然我們經常對孩子強調要尊重別人，但尊重自己、保護自己也同等重要。所謂的保護自己並不是強調「以牙還牙」，而是引導孩子使用適當的策略來保護自己。

·孩子為什麼不回手？

當受到威脅時，大腦自動會啟動「攻擊與逃跑反應」，也就是選擇立即反擊或是逃避離開。絕大多數孩子在面臨威脅時都會選擇逃跑而不會是攻擊，除非無法逃避時，才會反擊。

·以牙還牙，打回去？

當孩子被欺負時，不僅是孩子受到傷害，很多時候爸媽受到的情緒衝擊更強，畢竟是寶貝受到欺負，很自然地就會引起大人的情緒反應，而會不自主地回答，「那就打回去！」但這真的好嗎？會不會像是在教導孩子，「只要別人讓你不舒服，就可以打人。」事實上，建議孩子直接打回去，對孩子並沒有幫助，特別是在六歲以前，孩子力量控制的能力尚未成熟，容易引發其他後續問題。

・孩子需要的是支持

對孩子而言，最大的焦慮不是被人欺負，而是不被爸媽認可。當孩子說出被欺負而感到難過，需要的不是批判而是支持與協助；孩子是因為覺得自己沒有別人「強壯」，所以才會默默地忍受，所以當孩子鼓起勇氣和你說出這件令他「不好意思」的事情時，**需要的不是你怒氣滿滿的表情**，而是你溫暖的鼓勵與支持。

・是在玩？還是被打？

孩子的「感受」才是最重要的，特別當衝突發生在「遊戲」時，孩子通常會覺得很好玩而不是被欺負。當孩子三歲大時會開始想要玩伴，在四歲大時則會開始有所偏好，更傾向於和同性別的孩子一起玩，所以當一群小男生在一起玩抱來抱去的遊戲時，就容易出現過當的肢體動作。但是，在爸媽的眼裡則像是孩子受到「欺負」，因而禁止孩子和特定孩子一起玩，將大人的情緒加諸在孩子身上而不自覺。爸媽必須提醒自己，孩子的「主觀感覺」才是第一順位，即使別人只有手舉高、沒有碰到他，但是他覺得受到威脅，也必須認真看待；同樣的，如果已經被打了一下，但是孩子覺得沒有什麼，就不用過度緊張。**認同孩子的感受，同理孩子的感覺，孩子才會願意說清楚究竟發生什麼事**。

專家爸爸這樣教

當孩子在學校被欺負，爸媽第一個直覺反應一定是「保護」自己的孩子，有時甚至會引發強烈的情緒反應。研究指出，當孩子處於情緒威脅時，可能會導致孩子變「笨」，因為孩子需要花費許多精力來保護自己，以免讓自己碰到麻煩，哪有時間用心在學習？所以如何「保護」孩子，並且教導孩子「保護」自己，也就很重要了。最重要的第一件事，就是與老師保持正向的聯繫，提醒老師幫忙注意孩子的狀況！

第一階段　察覺「自己」的感受

察覺自己的感受，這裡的「自己」指的是爸媽。當孩子受到欺負時，想保護孩子的情緒會超過我們的理智，導致不同的判斷，而給予不太正確的建議。因此，第一件事情不是生氣，而是支持並給予肯定，確定我們清楚傳達——當被欺負時跟爸媽說，是最正確的方式。**不要突然地發脾氣，以免讓孩子感到恐懼**，以為自己做錯事情惹爸媽生氣，結果下次被欺負時就不敢說了。引導孩子說明前因後果，但請注意，四歲前的孩子因為時間概念較為模糊，可能無法清楚描述，請不要過度逼問孩子，以免使孩子出現恐懼與焦慮。

第二階段 給予老師「信任」

不要先入為主懷疑老師袒護打人的孩子，畢竟老師不會一直在孩子的旁邊緊緊盯著，有時沒有看到實際的情況，當然也就無法清楚說明。這時，請先說出事實，例如，孩子身上有瘀青、咬痕等，請老師注意是不是有和同學起衝突。如果確定是特定的小朋友，可以請老師利用分組或座位安排的方式，將兩個人暫時隔開來，在衝突發生前就制止。

第三階段 教孩子「保護自己」

讓孩子明白自己有說「不」的權力！通常孩子不是不會保護自己，而是不知道應該如何「拒絕」同學，因此雖然覺得不舒服，但卻不知道該如何說「不」。教導孩子當覺得不舒服時，一定要大聲地說出來，「我不喜歡」、「請你離開」、「你弄痛我了」、「不可以打人」。這些話看似簡單，但當孩子面臨威脅時，不僅可以讓對方知道自己的感受，也可引起老師與其他小朋友的注意。就像「消防演習」一般，讓孩子預先演練，等到突發狀況時才不會不知所措。

情緒先修班　當孩子說被欺負時……

請提醒自己，孩子相信你，知道你可以幫助他，才會說出來。所以，絕對不可以說，「你怎麼不打回去呢？」一來這是一種帶有「責備」的語氣，像是在責怪孩子軟弱，結果不但沒有安慰到孩子，反而讓孩子焦慮自己是不是很沒有用。再來，如果孩子下次回家說，「媽媽，我和同學打架。」你真的會高興的稱讚孩子嗎？

這時，請先平靜的「肯定」孩子，先説聲，「很棒喔！你會忍耐。」再引導孩子設想不同的方式，像是，「你有沒有説不可以打人」、「有沒有告訴老師」，和孩子一起找出最好的解決方式。

當孩子被欺負，爸媽如何才能問清楚……

當孩子認為被欺負時，常常沒有辦法説清楚，一來可能是年紀還小，一來是情緒問題，這時爸媽問問題的技巧就很重要。不要問孩子，「今天有沒有人欺負你？」等封閉性的問題，不僅容易使孩子覺得自己受到欺負，也會讓孩子感到焦慮，讓你變得更加擔心。

這時，可以換種方式問：「今天在學校裡跟誰玩？」、「有什麼好玩的事情發生呢？」透過這樣開放式的問題，才能讓我們了解孩子在學校的情況。如果孩子真的有不開心的事情，就可以引導孩子想一想，「那麼找誰當好朋友，會比較有趣？」

我不想上學

孩子的上學焦慮

【案例】

小惠每天都很早起床，除了吃早餐外，還會有一小段時間可以和妹妹一起玩。但是，等到八點左右要上娃娃車時，小惠不是臨時要上廁所，就是哭鬧著要戴口罩、貼OK棒、拿書包，非得哭哭啼啼的等到所有的事情都完成了，才心不甘情不願的上車，打死也不跟妹妹說「拜拜」。媽媽每天看著小惠含著眼淚，一言不發、委屈的坐上娃娃車，深深覺得小惠好像不喜歡上學，著實讓媽媽好擔心。甚至進一步想：這孩子會不會以後也不喜歡念書，該怎麼辦呢？

孩子為什麼會這樣？

「不想上學」在幼兒園階段經常發生，特別是在長假或生病過後；這與孩子進入國小後的「拒學症」並不相同。這時，孩子常常陷入兩難的糾葛情緒，一來想上學和同伴一起玩、二來又期望在家由父母陪伴，但由於語言表達能力尚未能成熟的描述情緒，常會哭鬧不想上學而使爸媽感到困擾。這時，應陪伴孩子渡過這個「適應期」，溫和而堅定的讓孩子知道一定要去上學，漸漸地孩子就會克服這個情緒。

・我不想離開媽咪

對孩子而言，黏在媽媽身邊才是最快樂的事情。特別是當媽媽陪他做很多開心的新事物時，像是作勞作、讀繪本、畫畫圖；當要上學時，勢必就得離開媽媽身邊而讓他感到焦慮不安，因此就會嘗試用各種方式來待在媽媽身邊。一開始孩子可能嘗試用說的，但沒用後就會開始用拖的，最後就會用哭鬧的方式來傳達想要黏在媽媽身邊的意圖。

・妹妹為什麼可以在家？

當有兩個孩子時，其中一個必須上學，但是另一個卻可以待在家時，就會讓孩子混淆，「是不是媽媽要帶弟弟（妹妹）出去玩，所以我才要出門呢？」這樣「不公平」的情況，會使孩子對於「上學」感到抗拒而引發情緒反應。對孩子而言，爭取自己在爸媽心中的地位，會比表現良好來得重要許多，因此孩子會擔心如果我不在家，媽媽會不會更喜歡弟弟（妹妹）？這時不妨仔細思考，是否讓孩子們一起去上學，以減少孩子抗拒上學的情緒反應。

・出門前的儀式行為

孩子常常在要上學前，要求東要求西，而且非常堅持一定要做全，缺少一樣就不願意出門。**這些「儀式化」的行為，並非是要惹爸媽生氣，而是孩子降低自我焦慮的一種方式**，透過重複固定的事情，讓自己從中間獲得「緩衝」的方式。根據艾瑞克森（Erikson）的社會心理發展理論，這種行為特別容易發生在孩子一至三歲大時，到四歲大以後才會減少。事實上，即使我們大人也會如此，當我們在緊張時，也會以唸經、禱告等類似儀式化的動作來減緩壓力。當孩子在上學前，如果出現堅持一定要做某些事情的情況時，不需要過度堅持不可以，更不要先入為主的認定，孩子就是故意唱反調，讓孩子有自己練習「控制」情緒的機會。

・重點不是分離？而是重聚？

判斷孩子是否適應校園生活時，會不會哭並不是主要的依據，**放學時的反應才是需要觀察的點**，假使放學接到孩子時，他是很開心的擁抱你，那麼表示孩子適應的不錯。相反地，如果當你去接孩子時，他出現生氣、哭鬧、不理人的反應時，表示孩子在適應上可能出現問題，必須要加以注意，是否在學校中碰到其他問題，需要爸媽的協助。

・突發事件的壓力？

當孩子遇到不順心的事情時，雖然可能只是非常小的事情，但也可能會導致「壓力」而使得孩子不願意去上學。例如，幼兒園安排期末需要上台表演，最近正在彩排，而這個「特殊事件」就有可能影響到孩子的情緒。此外，孩子與同儕相處時，難免會出現一些小摩擦，如果只是兩、三天就不用太擔心，但如果持續一週以上，可能就需要請老師幫忙協調。不過，經驗上，幼兒園的孩子在學校最感壓力的事，不是學業學習而是必須要把不喜歡的「菜」吃光光。

專家爸爸這樣教

「趨吉避凶」是人的天性，同樣的當有陌生人出現時，孩子就會想要找媽媽陪，這是天性。基本上，以往比較建議在孩子四歲大時，再進入幼兒園的團體生活。但是，現在絕大多數的孩子都得提早在二歲時進入幼幼班就讀，因此在適應上就比較需要爸媽與老師的耐心協助。尤其是每個孩子的天生氣質不同，有些就是特別的「害羞」，可預期在進入團體生活時需要較長的適應期，以及爸媽細心與耐心的協助。最重要的是態度必須要一致，千萬不要在孩子面前爭吵，不然孩子會感到更加不安而哭鬧。堅定而溫和的堅持，無論如何一定要上學，等孩子回來後再給予獎勵與鼓勵，會是最好的選擇。

第一階段 使用正面的態度

孩子會出現哭鬧或抗拒的行為，主要是要表達他希望和你在一起的「願望」，絕對不是想要惹你生氣。也因此，不僅僅是孩子在練習調適，很多時候爸媽也要調適，避免將焦慮的情緒傳遞給孩子。像是詢問孩子，「今天有沒有哭」、「有沒有想爸爸媽媽」、「有沒有被人家欺負」，這些都很容易引起孩子以「哭」來回應的話語。

三到四歲的孩子，雖然已經可以說很多話，但對於語句的理解仍處在發展階段，以至常會出現誤會，建議不要在出門前和孩子說很多「道理」，不然孩子可能誤解其中的一個「字句」，導致他開始哭泣。例如，「今天晚上你們要上台表演喔！有沒有很開心呀！所以你今天會待晚一點，放學時媽媽不會去接你喔！」原本是要鼓勵孩子晚會表演要加油，結果孩子卻卡在「不會去接你」這一句話，結果就導致整個情緒上來而開始哭鬧；態度正向，減少說明與鼓勵，孩子反而可以表現得更好。

第二階段　認識爸媽的工作

讓孩子知道爸媽會在哪裡？也可以降低孩子擔心爸媽「消失」的恐懼。所以，讓孩子了解爸媽在做什麼，還有工作的地點在哪裡，都可以降低孩子的壓力，讓孩子感到安心。可以在休假日時，帶著孩子到你公司附近逛逛，除了帶孩子晃晃之外，也趁機讓孩子了解你在做什麼。這或許比你帶他去吃大餐、買玩具更能鼓舞他；因為清楚知道爸媽會在哪裡，孩子才會有勇氣繼續他的探險。

藉由出遊的機會，帶著孩子觀察不同「人物」工作時的情況，配合繪本的引導，讓孩子認識不同「職業」的人在做什麼事情，並且引導每一個「工作」的重要性，孩子也就會了解爸爸、媽媽為什麼不能一直陪在他身邊，而必須要去「工作」。但是，在說明工作的重要性時，務必注意，不要加深孩子的「愧疚感」，特別像「養你要花很多錢」、「都是因為你所以爸爸才去上班」這樣的說法，以免讓孩子感到更加的不安與焦慮。

第三階段 鼓勵孩子「教」爸媽

鼓勵孩子展現在學校剛剛學會的新事物，給予讚美與鼓勵，讓孩子越來越願意分享自己新學會的技能。這時，請不要過度鼓勵而讓孩子驕傲，因為這時最重要的工作是讓孩子「喜歡去上學」不是嗎？切記，是讓孩子教你，而不是迫不及待地「教」孩子。

雖然，這時孩子在幼兒園學的非常簡單，但是因為可以「教」爸媽，也才會漸漸地學會和你分享學校的點點滴滴。如果，忍不住要「指正」孩子哪裡沒做好，反而會破壞孩子與你分享的動機。傾聽，才是對孩子是最好的方式。透過模仿學校老師教導的方式，孩子也漸漸地學會學習的樂趣，而越來越喜歡上學。

當要離開時，孩子大哭大鬧……

請記得提醒自己， 這是孩子希望表達他想要你陪伴的一種方式，很多時候孩子一進教室，不到三分鐘就會停止哭泣了。千萬不要說，「如果你再哭，我就把你丟掉」、「那我就不要來接你了」這樣的氣話，結果不但沒有安慰到孩子，反而讓孩子變得更加焦慮。

可以藉由給予一項你的私人物品，像是：手錶、手鍊、零錢包（孩子非常清楚那個是「你的」才會有用），然後和他說，「這個是媽咪的寶貝，你幫媽媽保管，下課再還給我。」透過這樣的方式，一來轉移孩子的注意力、二來可以讓孩子更加確信，媽媽一定會來接我的信心。從心底相信孩子可以克服這樣的壓力，你的信任也就是孩子最大的勇氣。

我不想和他當朋友

孩子間的爭執

〔案例〕

小惠在學校裡算是比較內向的小孩，常常眼淚都會掛在眼眶裡，老師常笑稱：「小惠的眼淚都不用錢。」隨著與幼兒園的同學越來越熟悉，漸漸地越來越少聽到老師這樣說了，晚上時，小惠也會滔滔不絕的說著「早上」發生的事情。最常聽到的名字就是「小蓉」，也就是小惠最好的朋友。但是，這天晚上媽咪和小惠聊天的時候，小惠突然很不開心的說，「我不要和小蓉做朋友」、「他才不是朋友」，但是卻又說不清楚是怎麼一回事，想要再仔細地問，但是看到小惠很委屈的表情，媽咪心想還是算了，不然等一下大

概就不用睡覺了。所以，只好暫時忍著，等到隔天早上再打電話問老師。小惠好不容易交到好朋友後，才願意開開心心地上學，怎麼會一下子又和同學吵架了呢？到早上的時候，該不會又開始鬧著不上學了吧？真是越想越擔心啊！

孩子為什麼會這樣？

孩子在社會化的過程中，到了四歲之後會開始從「平行遊戲」漸漸地轉換成以「協同遊戲」為主，因此在遊戲中就必須與同伴們有更多的互動，但也因彼此的「堅持」而有所「衝突」。這些雖很難避免，但衝突並非由於孩子不會「禮讓」，而是「自我主張」不一致。所以，孩子就必須在一次次的練習中學習，何時可以堅持主張，何時又必須妥協，而「吵架」就是實驗失敗的回饋。不應該拿放大鏡來檢視正在練習技巧的孩子，就如同練習騎腳踏車一般，要給孩子安全的環境練習，而不是在一旁不停的提示。**「吵架」是孩子互動的過程**，而不是「個性」不好的象徵，只要沒有傷害到別人，就可以正向看待。

・孩子吵架不記仇

孩子的爭執常常是因為一些非常小的事情，例如，這個是誰的、誰是第一個、誰比較厲害、應該要如何玩等。但他們也有一個非常重要的特質，就是來得快，去得也快。前一秒才吵得不可開交，下一秒卻又牽著手一起去玩，就像沒發生過任何事情一般。一吵架就記仇，那是大人的世界，孩子可不會這樣想。只要衝突的「點」消失了，孩子就會「放下」爭執，又重修舊好的玩在一起了。因此，如果衝突只是一時的，在一週後就恢復正常的話，**請不要不停地提醒或指導，那反而會讓孩子一直卡在爭執的情緒中**，更難與好朋友恢復友誼。

・當好朋友和別人玩

孩子對於「好朋友」的定義，有時會出現誤解，當「好朋友」和其他同學一起玩時，可能會感覺到失落。但是，因為無法適當地表達自己的感受，就容易說出，「他才不是我的朋友」這樣的話。實際上，他的意思並非我們想像的如此嚴重，只是想要傳達一個「失落」的感受而已。當孩子在兩歲至五歲時，玩伴常會換來換去，所以孩子多半不會在意，一直到五歲之後，才會出現固定的同伴，而容易出現這樣的感受。但是，如果孩子屬於害羞、不敢主動說話的個性，這樣的情況就會比較明顯。這時，父母或老師要幫忙他們找到一起遊戲的夥伴，避免讓孩子在遊戲時感覺到自己「落單」。

・「權力」必須練習

當孩子進到了四歲，會開始察覺到「權力」的存在，也會開始嘗試去「組織」與「要求」別人。也就是說，在這個轉變的過程中，孩子從一個小小跟屁蟲，漸漸地變成一個小小領袖，而好朋友就是他最佳的練習夥伴。這時孩子的內心常在「堅持」與「妥協」之間拔河，一方面想要堅定「自我主張」，一方面又得要配合「他人主張」，在這兩者之間擺盪，透過反覆練習找出「平衡點」。因此孩子在衝突感之下，容易引發對於「好朋友」的情緒，這些都是孩子朝著下一階段前進的必經過程。

・「配合」是最好的方式？

要讓好朋友和自己玩，最好的方式就是「配合」別人嗎？「妥協」的前提是「互惠」，也就是這次我配合你，下次你配合我。在彼此「互惠」之下，漸漸地就會培養出良好的默契。如果每次都是孩子百分百的配合朋友，但對方卻沒有任何「互惠」的舉動時，即易出現抗拒的行為。當面臨如此的情況時，請不要一直要求孩子「配合」，而要引導孩子彼此「互惠」，才是正確的人際互動。

專家爸爸這樣做

當孩子各有堅持而吵架時，常會讓爸媽頭疼，在家裡也就算了，但是在外面和別的孩子有衝突時，就會更令人擔心。但是，請不要過度介入孩子之間的衝突，一味認定只要是吵架，就是不禮貌、不理性、不恰當的行為而加以處罰。應該正面看待「吵架」，看孩子是否可以從中吵出個「好結果」，而不是只是在「發脾氣」，那才是最重要的事。**「爭執」對孩子來說是一種經驗，是練習如何運用語彙來說服別人的過程**。「吵架」也有其正面的意義，如何將這個突發狀況，變成一個適當的機會教育，才是我們需要注意的。

第一階段 同理孩子的感受

當面對孩子的情緒時，第一步絕對是「接納」孩子的情緒，而不是糾正孩子。傾聽孩子的感受，讓孩子願意將自己的想法說出來。當聽到孩子吵架時，雖然我們都會擔心或憂慮，但是請記住**不要「皺起眉頭」和孩子說話，這樣反而容易讓孩子誤會他自己做錯了**，而更加的憂慮。孩子由於社交技巧還沒有成熟，因此難免會和好朋友爭吵，只要沒有傷害到朋友，爸媽也就不用擔心。在處理上，大人應盡量減少介入，孩子之間的爭執常常是暫時的，通常不需要太緊張，一週之後如果依然尚未改善再來處理即可。**試著把問題丟給孩子，他們自然會找到出路**，也會試圖去思考問題，讓問題真正獲得解決。

第二階段 不要預設立場

當孩子彼此之間發生衝突時，爸媽第一個閃過的念頭就是孩子是不是受到欺負。這雖然是人之常情，但請不要預設立場，認定就是「孩子不乖」或「對方不對」，這不單單沒有任何幫助，反而增加孩子的壓力。孩子最常衝突的對象，很常是他「最好」的朋友，因為很熟、感情好，所以才會

當孩子吵架罵人笨蛋時……

吵架罵人請記得提醒自己，孩子不會妥協、不知道合作、或是被拒絕時，都可能會出現這樣「情緒性」表達。最常讓媽媽感到頭痛的，就是和親戚的孩子吵架時，孩子順口說了一句，那真的是非常尷尬的一件事。這時請不要立即用說，「不可以說笨蛋」、「不可以罵人」，這時孩子反而會更加大聲地說：「笨蛋、笨蛋」，結果更加尷尬。

這時，先分開爭執的孩子們，放低你說話的音調與速度，然後請他們先停嘴。然後，蹲下來在孩子的耳朵旁小聲說，「先說給媽媽聽」，這樣孩子知道你願意聽，自然也就會降低自己的音量。

有所堅持和衝突。所以，不要才一聽到一半就跟孩子說，「那你就不要和他做朋友」、「你明天去和他說對不起。」其實孩子還是希望能有這個朋友，爸媽這樣做，不僅沒有任何幫助，反而讓孩子對於會失去一個好朋友產生困擾。這時，爸媽可以幫另一個孩子當代言人，說出他可能有的感覺，讓孩子了解別人的想法與堅持，透過引導孩子會更知道如何與別人互動。

第三階段 擴展「好友圈」

讓孩子在四、五歲後，開始練習「自我介紹」與「邀約朋友」，透過熟悉的情境，可以讓孩子更容易認識新朋友。隨著「好友圈」的增加，孩子不僅可以找到新玩伴，也讓他在面對他人的拒絕時，可以更加快速的安穩自我情緒。最初，請不要將孩子丟在完全陌生的環境，卻要他們主動表達，而是建議在家中，透過扮家家酒演戲的方式，讓孩子「模擬」在學校認識新同學的情況。在過程中，事先教導孩子一些固定的話術，之後若孩子面對相似情況時，即會很自然地說出來，只要成功幾次後，他們很快就會上手了。

同學都有
我也要

兒童的慾望

〔案例〕

平常在週五的傍晚，只要小惠和妹妹一週的表現都很乖，媽媽就會帶著兩個小寶貝一起去逛逛。這天，照著例行的路線去逛街，很自然地到玩具店。小惠原本就知道媽媽有規定，除非原本就答應要買禮物，不然絕對不能買玩具。但是，今天小惠居然一進了玩具店就一直往前走，直到看到了蘇菲亞公主娃娃才停下來，然後就開始賴著不走。即使媽咪威脅說，「我要去吃晚餐了」，小惠還是不肯移動半步。眼睛含著淚水，鼓起勇氣的說，「同學都有我也要！」可以看出小惠真的很想要，但是媽媽又怕他養成壞習慣，以為

只要哭就可以得到禮物。最後，媽媽還是硬將小惠抱起來離開店裡，才結束這場突發的鬧劇。
究竟小惠為什麼會突然變成這樣呢？

孩子為什麼會這樣

對於「吵著要買」的這個行為，孩子在不同年齡有不同的特質與原因。兩歲左右的孩子，最常想要的會是點心、餅乾、糖果等零食；三、四歲左右，則會是玩具；五、六歲之後，則換成文具用品。除了項目的不同之外，原因也不相同；在兩歲左右常常是「固執」，在三、四歲時有可能是「衝動」，到五、六歲時或許是因為「比較」。當孩子進入團體生活中，想要在「同學」之間獲得讚許時，會讓原本已經趨於穩定的情況再次發生。事實上，這種情形不僅僅在小小孩身上出現，最常見到的高峰期是在國小五、六年級。這時，孩子更加重視同儕關係，也開始非常在意外表，對於「物質」上的比較會更加明顯。

・怕被媽媽「拒絕」？

對於三至四歲的孩子而言，孩子吵著要「買」，通常都只是短暫的「慾望」。當孩子在逛街的時候，常常看一個想要一個，再逛一下又會換另一個。實際上，這時的孩子對於「選擇」是很弱的，有太多不同的選擇時，孩子常無法清楚作出決定，自然也就看一個選一個。因此，當孩子吵鬧著要買時，立即拒絕地說「不行」容易引發負面情緒，這時哭鬧或賴皮的行為即會出現。事實上，並非孩子一定要獲得「禮物」，而是害怕遭受到「拒絕」感到挫折。建議爸媽，可以輕柔的和孩子說：「我知道了」、「我們再去另一家看看」，透過這樣的方式引導孩子繼續走，很快的情緒就會平復。**要和孩子說道理，一定要等到孩子平靜時才可以**，不然只是在情緒上起衝突而已。

・搞不清自己想要的

當孩子堅持一定要拿到手時，有時只是一時的「衝動」，可能是因為曾經在電視上看過廣告，所以想要擁有，並非是自己所想要的。這時引導孩子找到自己想要的「物品」，例如，孩子曾經說過想要的文具或食物，或是引導孩子說出自己最喜歡的東西，像是，養樂多、小蛋糕、點心等。讓孩子「想到」自己想要的東西，就可以轉移他對眼前事物的慾望。彼此退後一小步，讓孩子可以得到真正喜歡的東西。由於一時衝動而買的玩具，孩子常只有一天的熱度，很快地就丟在一邊不想要玩了。與其買了以後再抱怨孩子浪費，還不如引導買他「真的」想要的東西。

・我想要成為焦點

五至六歲之後，孩子對於自己的「慾望」正在學習控制的階段，但是常常會受到同學的影響而有特別想獲得的東西。例如，同學們常討論的卡通、文具、玩具等，好像只要擁有這些，就可以得到同學讚美的眼光。正因為期待獲得同學們的羨慕，掌握在團體中的主導權，因此孩子並非是「衝動」，反而更傾向於因「比較」而想要購買。對他而言，這些物品就有如增加人際關係的「法寶」，是讓自己可以在小小團體中獲得更多朋友的「道具」。其實，孩子渴望的不是「物品」，而是在同伴之間的崇拜或認同。

・很好玩但不會玩

當孩子欣喜若狂地買了玩具，也非常努力地帶回家後卻不玩時，請不要責備孩子，畢竟最後決定要付錢買的還是爸媽；這時就要請孩子將玩具妥善收好，並且約定一個月之後長大一點了再拿出來玩。不要硬是強迫孩子「買了就要玩」，如果因為不懂得怎麼玩而弄壞了，不單是孩子會覺得難過，爸媽也會很生氣；幫孩子避免被處罰的機會，也是重要的。

專家爸爸這樣做

孩子們湊在一起愛「比較」是正常的，比誰高、比誰快、比誰大聲……一切東西都可以比，就連爸爸媽媽也可以拿來比。孩子因為喜歡比較，也會努力讓自己表現得更好，更用心在學習上面。當然，這會有些副作用，就是對於「物質慾望」的需求，也會更加的凸顯，特別是現在流行帶孩子出國旅遊，常常還沒有到寒暑假，爸媽就想趁著連假前、淡季時，帶孩子出國玩。孩子看到同學朋友談論出國的事情，當然也會羨慕，所以就開始期望自己能有機會出國玩，在這樣無形的競賽中，導致爸媽教養上的壓力。如何引導孩子察覺自己真正想要的，並且學習控制與獲得，也就變得很重要了。

第一階段 認識自己的慾望

不論是在超市或玩具店時，遇到孩子吵鬧著「我要買、我要買……」，的確會讓爸媽很困擾。如果當孩子出現這種行為，**請不要很直覺地回覆，「不可以。」而是回答，「我知道了。」**這並非是同意買給孩子，而是讓孩子知道「我有聽到你的想法。」絕大多數孩子的「慾望」是來自於「衝動」，所以只要先繼續往前走，就可以降低孩子對於「慾望」的執著。相反地，當下拒絕反而會讓孩子更加堅持，導致無理取鬧的舉動。在繼續往前走的同時，請蹲下來看著孩子的眼睛，引導他想想自己想要的東西，「你不是想要買（某件東西）嗎？」讓孩子回想起自己想要的，孩子就會降低自己眼前因為衝動而出現的慾望，而不再堅持。

第二階段 訂立獎勵品規則

在給予「獎勵品」時，家人必須要有一致的原則；孩子表現好時才給予，以避免孩子過度依賴。特別**當孩子五歲時，正在發展「自我控制」的能力，這時必須開始學習如何控制「慾望」，練習延遲獲得的時間**。但在這個階段，孩子對於「慾望」的滿足有強烈的需求，導致情緒的起伏，所以特別需要大人適當地引導。對於「獎勵品」的給予，不需要過度擔心，孩子並不會因為有獎勵品而變得依賴，只是，必須漸漸地延長給予的時間。最常使用的方式就是像便利商店的「集點卡」，等到集滿一定數量後，才可換取獎勵品。**以「一週」給一次為原則**，因為五歲的孩子還無法察覺「一月」的週期性，如果時間過長，孩子就會興趣缺缺了。**透過延長給予的過程，讓孩子練習如何「控制」自己的慾望**。相反地，**如果凡事都順著孩子，反而會減少他們練習「自我控制」的機會**。

第三階段　如何使用「零用錢」

事實上，孩子對於「昂貴」或「便宜」，是沒有多大感覺的，只是很單純的想不想要。不過，通常包裝漂亮的東西，價格都不會很便宜，也較容易吸引孩子注意，與其擔心孩子，倒不如培養他們正確的金錢觀念。

建議五歲的孩子，可以開始給予「零用錢」，讓他們漸漸了解「錢」的「使用」與「獲得」方式，建立正確的觀念，他們才會知道如何控制自己的「慾望」。透過使用小撲滿存錢、買東西結帳、做家事換零用錢等方式，讓孩子自己掌控「零用錢」。千萬不要希望孩子第一次就成功，透過反覆的嘗試後，才能漸漸地培養正確的觀念。**通常九歲的孩子，才會具有制定「開銷計畫」的能力**，所以請不要操之過急喔！

情緒先修班

當孩子哭鬧著說，「阿嬤都會買給我。」

請記得提醒自己，這只是孩子一時口不擇言的「情緒話」，並沒有任何的意思，因此不要過度反應。最重要的不要和孩子説氣話，「那你去當阿嬤的孩子好了！？」這樣不但沒有安定孩子的情緒，反而將情況弄得更糟。當情緒起來時，不僅是孩子聽不進去，我們講話的聲音也會變得更大，結果原本一件還算容易處理的事情，也會變得很複雜。先學著控制自己的情緒，蹲下來看著孩子，「那記得下次見到阿嬤的時候，要和阿嬤説喔！」先穩定孩子的情緒才是最重要的。當面臨這個情況時，最重要的是大人之間要先溝通清楚，雖然一個玩具沒有多少錢，但是千萬不要無條件的給予，不然孩子會越來越迷戀玩具，也會無法適時地學習控制自己的能力。

當孩子說，「我的錢，就是要買糖果。」

請記得提醒自己，當給予孩子「零用錢」也就是讓孩子練習「自我控制」，而不是爸媽在旁邊緊盯著下指導棋。孩子的「零用錢」可以去購買他所想要的，當然包括糖果、餅乾等，這是孩子的「權力」。當面臨這樣的情況時，不是去跟孩子搶「權力」，硬要孩子做他不想要的「決定」，這會讓孩子失去練習的機會。這時，爸媽可以引導孩子對於其他事物產生興趣，讓他有一個期待的目標，並輕輕説：「可以，但是用掉了你就不能買（某樣東西）了。」才會是最好的處理方式。五歲以前的孩子，還沒有辦法控制「慾望」，如果過早給予「零用錢」常常就會出現衝突，必須要加以注意。

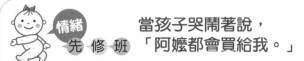

我才不要排隊

團體中的衝突

〔案例〕

小惠越來越習慣幼兒園的生活，在上課時也都很乖巧，也很喜歡學東學西，最喜歡的就是畫圖和勞作，常常一開始畫就停不下來。連老師都很驚訝，一個小小孩可以東拼西湊的坐著一小時，直到完成他的大作為止。但是，當開始要排隊玩遊戲時，小惠就是不想要乖乖地排隊，常常不是硬要擠到最前面，就是遠遠的落在隊伍的最後面。特別是當校外教學時，大家都要手牽手、慢慢走的時候，不知道是不是太興奮了，小惠常常會莫名其妙的和同學推擠起來，還因此被老師責備。媽媽明明就已經和小惠說了好多次，也確定他很清楚規矩，究竟到底是為什麼，明明一個人都很好，但在團體中就會出狀況呢？

孩子為什麼會這樣？

現在由於孩子普遍生的比較少，和同伴一起玩的機會相對也就略顯不足，孩子多半缺乏在團體中互動的經驗。當孩子在團體生活中犯錯時，請不要使用「處罰」來讓孩子遵守規則；當然也不要用「逃避」的方式，這只會讓孩子與同儕相處的經驗更少。孩子如果在「一對一」時都可以表現良好，但是在團體活動中卻狀況連連，可能有三個潛在的原因所導致：「好勝心」、「不耐等待」、「觸覺敏感」。所以，這時要同時觀察孩子在這三項能力的發展與表現，才可以做出最好的判斷與協助。

・好勝心不好嗎？

想要獲得別人的讚美與肯定，是人心裡深處的「趨性」。也正因為這樣的「內在動機」，孩子會出現「搶第一」的情況，基本上這是一個值得高興的事情，因為這代表孩子的「動機」很強。然而，孩子卻因為對於「情境脈絡」的察覺很弱，所以可能會在不適當的情況下「搶第一」，結果就被處罰了。例如：在表弟的慶生會上，搶著吹熄蛋糕上的蠟燭，然後還開心地看著大家，但是換來的絕對不是讚美。問題並不是孩子喜歡「搶第一」，而是孩子不會判斷情境所導致的衝突。

・是第一，還是不聽話？

「我做得超級快，第一個做完，所以就去做下一件事情。」這時應該是要說他很棒呢？還是責備他呢？觀察在團體中破壞規則的孩子會發現，他常常是已經完成了手頭上的工作才離開位置的。所以，在孩子的觀點是我「第一」所以離開，而不是「亂跑」，但是看在大人眼裡卻是他擅自離開位置，並沒有察覺到孩子的工作完成與否。也正因為角度上的差異，導致在處理上出現「牛頭不對馬嘴」的衝突，使孩子開始拗在那裡生氣，覺得自己被誤會了。問題並非是孩子「脾氣」不好，也不是「不聽話」，而是做完了沒有「等待」，只要抓對重點，孩子自然也就會聽話了。

・哪時候才會輪到我？

「等一下」是多久呢？對於三、四歲孩子而言，這就是只有短短的一分鐘，只要超過三分鐘，就已經是「等很久」。因此，孩子通常不擅長「等待」，而想要用「搶先」來避免無聊的窘境。由於雙薪家庭多半工作繁忙，整個家庭的步調通常相當「緊湊」，就連接孩子回家也像是在趕火車。在這樣高度時間壓力的生活情況下，爸媽常常在孩子還沒開始做事前，就急著幫孩子完成，但卻沒有給孩子練習「等待」的機會。「等待」是一種隱藏的社會規範，不需要明確的說明，卻是遊戲時必定的規則，如果孩子無法察覺「等待」的重要性時，容易在團體中就會被視為「破壞者」。

・為什麼喜歡擠來擠去？

「觸覺」很奇妙，對於同樣的刺激，「主動」與「被動」的感受卻是全然不同。就像別人搔我們的胳肢窩時，我們常常會癢到受不了而大笑與躲避，但是自己搔自己卻一點感覺也沒有。因此，如果孩子的「觸覺敏感」，雖然會很喜歡和別人擠來擠去，但卻又同時擔心別人在後面觸碰他，結果讓他一下出現在隊伍中，一下又跑到隊伍外面。這時，與孩子說「道理」多半沒有多大的效果，因為他「感受」到的就是不一樣。

・不當第一，就要最後？

在社交時，如何保持與別人之間的距離是一門藝術。如果和人距離太遠，會讓人覺得生疏；如果和人距離太近，會讓人感到威脅；人與人之間的「安全距離」，是孩子在人際互動中需要漸漸地學習的。「安全距離」基本上大約是一隻手臂長的距離，也就是以不會碰到別人的身體為原則。但是對於「觸覺敏感」的孩子，常常會覺得這樣的距離還是太近，而會想要逃離隊伍。因此，他們也就會在隊伍中選擇「第一」或「最後」的位置，因為在這兩個位置上，他可以擁有最大的「安全空間」。

專家爸爸這樣做

孩子老是喜歡搶第一，一下子爭先恐後的硬是要搶在前面，一下子就拗在那裡打死也不要玩，無論好說歹說就是不配合，常常會讓爸媽火了起來。但這真的是孩子不乖巧嗎？也有可能是孩子經驗不夠喔！互動技巧等社會規範必須要透過孩子在團體生活中，漸漸地學習與了解，並逐漸地發展出來。請記住，孩子絕對不會故意找麻煩，只是技巧不成熟而已，如果使用強硬的方式，要求孩子不可以搶第一，結果可能不小心傷到孩子的「求勝心」與「自信心」，結果就變得「被動」與「無聊」。透過爸媽的耐心引導，漸漸幫孩子找到自己在團體中的位置，才能讓孩子有成功的人際互動經驗。

第一階段　順著孩子的特質

每個孩子都想要得到「讚美」，只是有時候搞不清楚「規則」。因此，第一步是了解孩子的特質，找出不喜歡排隊的原因，暫時先幫孩子避開問題，讓孩子在團體中獲得成就感與榮譽心，再來幫助他們調整。特別是「怕癢」的孩子，因為「觸覺敏感」而導致對別人的觸碰感到不安時，最好的方式就是暫時請老師幫忙安排在第一個，以免孩子夾在隊伍中，容易因為不舒服而出現推擠同學的動作。在家裡，可以幫孩子多按摩，減少孩子的敏感。

第二階段 延長等待的時間

當孩子只與我們在一起時，只要完成一個工作，我們可以立即察覺，並且安排下一個活動。然而，在團體活動時，當他們完成自己的活動後，還必須要等待其他同學一起完成，才算是完成。如果孩子無法在這過程中「等待」，常常也會被認為「不聽話」，而有不配合的感覺。這時對等不了的孩子說，「要有耐心」往往不會有多大的效果。**最好的方式是「轉移注意力」，引導孩子去「觀察」周邊的人、事、物**，仔細地看看，身邊發生哪些事情，猜猜他們正在做什麼，拓展孩子的視野與知識。藉由引導，讓孩子更有耐心的等待，進而培養出良好的「觀察力」，自然也就不會一直將無聊掛在嘴邊了。

第三階段 練習輪流的順序

團體活動常常有三種型態：一起、排隊、輪流，當孩子「等待能力」已經成熟，在排隊時就不會出現困擾。四至五歲的孩子，可以練習下一個步驟——「**輪替概念**」，這時孩子要能記得在隊伍的「順序」；即我在誰的後面出發。實際上，孩子只是搞不清楚自己到底哪時候要出發，所以固定排隊順序，可以讓孩子表現得比較好。這時，可以先練習三個人的「輪流」遊戲，像是簡單的順時鐘傳球，一個人傳給下一個人。等到孩子成功後，再逐漸增加遊戲的人數，甚至將一顆球變成兩顆球同時傳，加強「順序」的概念。

當孩子插隊時……

孩子不是故意搗蛋，而是「搞不清楚狀況」。特別是對於兩至三歲的孩子，「排隊」就是「跟著一起玩」、「加入他們」的同義詞，但是由於缺乏對於「順序」的判斷，所以不知道應該要「排到最後一個」，而不是真的想插隊。這時千萬不要板起臉孔，生氣地說，「要排隊喔！」、「不可以插隊喔！」

我們要做的是引導孩子解決問題的能力，而不是和孩子賭氣，所以請簡短地說，「排到紅衣服阿姨的後面」，一來可以讓孩子清楚知道自己的位置，二來可以避免「最後一個」這幾個字讓孩子產生抗拒，讓孩子更快學會「排隊」！

媽媽陪我玩扮家家酒

假想遊戲的意義

〔案例〕

小惠非常喜歡玩扮家家酒，在家裡常玩「誰當醫生」的遊戲，在幼兒園裡，也常常跟著同學一起玩「下午茶」的遊戲。或許是每天都沈醉在想像的世界裡，所以常常會說一些沒有發生的事情、想像中的人物。常常媽媽在忙碌的時候，還是一直得要求媽咪陪他一起玩扮家家酒，弄的媽媽手邊上的事情通通沒有辦法處理。要他去和妹妹一起玩，他就是不願意，寧可站在廚房門口等媽媽。難道小惠不喜歡妹妹嗎？為什麼不願意和妹妹玩呢？這樣「幻想」一些沒發生的事，到底沒有問題呢？

孩子為什麼會這樣？

「扮家家酒」，不僅僅是打發時間的遊戲，更是**學習認識「社交技巧」的重要過程，從「扮家家酒」中，孩子學會觀察別人的動作、工作、角色、情節**。兩歲的孩子，在遊戲時只會模仿極為單純的動作，例如，切蛋糕；三歲時，會模仿一個連續性的動作，例如，將蛋糕切好後裝在盤子裡，分給每一個人。四歲時，孩子就更進一步的察覺到「角色」的概念，會在同一個空間裡，讓每一個人都扮演不同的角色，例如，「蛋糕店的老闆」或「廚師」等不同的人物。五歲時，孩子就會融入一個想像中的劇情，展開連續性的故事。然而，這一切都是在「遊戲」中，透過孩子的「觀察」與「創意」，逐漸地發展出來的。

・想像力就是超能力？

孩子的想像力是無以倫比的強大，並不需要十分具象的玩具來代表，簡單的一個紙箱子，孩子就可以想像成一台汽車，而坐在裡面玩了好久；將紙張摺成一個三角形，孩子就會當作皇冠戴在頭上，假裝自己是公主；透過這樣的想像力與創造力，孩子可以將身邊所有的事物變得有趣，這是孩子最偉大的天賦，需要爸媽細心的呵護才能維持下去。

・妹妹不會玩？不和妹妹玩？

不同年齡的孩子，由於發展上的差別，因此在「假想遊戲」中的能力也不相同，這時容易出現「衝突」。特別是如果妹妹尚未滿三歲時，在扮演遊戲中只會模仿「動作」，卻無法配合「框架」的進行。

例如，姊姊拿了一個箱子假裝是一輛車，然後拿一個紙盤子出來，假裝是方向盤，邀請妹妹來當乘客，一起玩計程車遊戲；妹妹很開心的過來看一下，然後就突然跑掉了，不到三分鐘又突然跑回來，手上卻多了一個蛋糕，而且硬要將蛋糕放在姊姊的「方向盤」上。

一個看到的是「紙盤子」，一個看到的卻是「方向盤」，因為妹妹沒有辦法配合姊姊假想的「框架」，而出現了互動上的衝突。因此，姊姊有時候就會抗拒和妹妹一起玩，因為妹妹無法配合，但只要選擇其他遊戲，兩位小公主就又會開開心心的玩在一起。當然，如果要找人陪著玩扮家家酒，那最能配合的媽媽或爸爸就理當是最佳人選了。

・站在別人的角度看？

對於四歲以上的孩子而言，「假想遊戲」是非常重要的，因為透過「角色」的轉換，讓孩子可以察覺到「別人」的想法，推想別人會做什麼決定、有什麼感受。**經由這個過程，孩**

子才會開始瞭解別人，**這也就是「同理心」萌芽的開始**。喜不喜歡玩「扮家家酒」，會與孩子的人際互動有所關聯，因為每次的遊戲都是練習的機會，「扮家家酒」絕對不是小女生的專利，對於小男生而言，也常會想像自己是超級英雄，這也是一種「扮演」的假想遊戲。當孩子喜歡玩「假想遊戲」時，需要的是鼓勵而不是禁止，因為這是他們在發展「社交技巧」時必要的練習。

‧我當老師？你當學生？

扮演遊戲，是孩子遊走真實與想像的媒介，同時也是宣洩壓力的方式，對於自己做錯的事情，思索彌補的一種策略。因此，孩子常常會透過「演戲」來尋求另外一個解決的方式，期望可以從中間獲得更好的效果。演戲的好處是，很像假的，但又有點真實，當孩子在演戲時，常常會喚起當時的情緒，但又可以獲得這是「假的」的保障而得到安全感。透過扮家家酒的過程，孩子可以修補自己受傷的「感情」，而得到情緒上的宣洩與滿足。

‧就是沒規則才好玩？

玩是非常重要的，透過自由發揮、運用創意、彼此協調，設計出一個既有趣又好玩的遊戲規則，這是多麼讓孩子感到有成就感的「工作」。對孩子而言，這不只是一場「遊戲」，而是練習說服別人的「工作」——**嘗試「說服」別人接受自己的安排的過程**。足球、猜字謎、桌遊等遊戲，雖能增進孩子「遵循規範」和「認知能力」，但是沒有規範的遊戲，孩子必須靠想像力來嘗試不同活動，模擬各種角色，適應隨時改變的遊戲規則，解決不時發生的爭執，那才是孩子最需要練習的不是嗎？請收起我們想要教導孩子的心，陪著孩子一起享受創造遊戲的樂趣吧！

專家爸爸這樣做

還記得我們小時候沒有那麼多的玩具，最常玩的，不是在公園裡和鄰居的哥哥姊姊追來追去，就是窩在家裡玩扮家家酒。常常一玩就是一、兩個小時，直到媽媽來叫喚才會結束。很多時候，扮家家酒就好像是小孩子們的「會議」，大家對同一個「問題」，提出各種不同的「方案」，然後由大家一起決定要選哪一個比較好。有時會假裝要和媽媽「要零用錢」，並透過這樣集思廣益的過程，找出最好的方案，多演練幾次再決定要如何和爸媽說，以增加成功的機率。但是，現在的孩子真的比較辛苦，因為他們沒有「演戲」的機會，更不要說沿用哥哥姊姊的智慧，所以只好直接就被推上「live 直播」，當然失敗的機率也就增加了。

就如塔夫大學兒童發展心理學家亞爾金博士（David Elkind）所說的：「遊戲是兒童用來學習的方法。沒有遊戲，等於剝奪孩子適應、融入團體的機會。同時，不能把遊戲與工作對立，應該把它當成提升工作效率不可或缺的好夥伴。」因此，如果希望孩子以後可以有良好的人際關係，就讓我們一起來加入孩子的扮家家酒吧！

第一階段　安排特定的時間

「扮家家酒」是學齡前的孩子最有興趣的遊戲，甚至是生活的重心，陪著孩子一起玩扮家家酒，更是彼此建立感情及培養默契的關鍵。不要覺得「扮家家酒」是在浪費時間，我們應該換個角度來「欣賞」孩子的創造力，就如同一個觀眾看著孩子如何的聯想、演出、交流，很快地你就會熟悉孩子的遊戲。當然很多時候，下班回到家還有許多需要處理的「工作」，無法滿足孩子想要別人陪伴遊戲的時間，但當他們約三、四歲之後，就可透過約定一週中的特定時間，來一起玩扮家家酒的遊戲。當約定好明確的時間後，孩子也不會一直不斷地纏著你問：「媽咪什麼時候要陪我玩？」而會開始期待那天的到來。

第二階段 引導想像的主題

隨著孩子視野與生活經驗的增長，他們大腦裡了解的東西越來越多，但了解歸了解，有些卻是無法碰觸的，這時孩子就會透過「演戲」的方式來假裝，並且想要嘗試看看。例如，在繪本中提到的「大吊車」，只要蓋高樓大廈都少不了它，它一次可以舉起很重很重的鋼樑，因此孩子會羨慕開吊車的人。但是，孩子絕對沒有機會可以去操作「大吊車」，因此就會想透過「演戲」來達成原本做不到的炒菜、開火車、照顧小寶寶等願望。

當爸媽在加入孩子的遊戲時，請暫時放下威嚴，當孩子稱職的「玩伴」。我們要做的不是「指導」孩子如何玩，**而是「引導」想像力，配合孩子設計的「框架」，使遊戲變得更豐富**。在四歲前可由孩子先設計的「框架」，再由爸媽協助增加更多細節，讓整個遊戲變得更有趣；當孩子四歲以後，就可以在過程中適時的提出一點點的「反對」，觀察孩子會如何來「說服」你。但是，當孩子已經絞盡腦汁的找了兩至三個理由後，**適當的「妥協」更是我們應該要示範給孩子的重要觀念**。

第三階段 練習角色的轉換

我們都希望孩子可以人見人愛，有禮貌又貼心，可以有「同理心」，那就**必須讓孩子在玩扮家家酒時，有「角色轉換」的機會**。四歲之後，正是鼓勵他們練習如何站在別人的「角色」思考的好時機，這時，幫孩子準備好一些道具，讓他更容易融入角色，不論是醫生的聽診器、公主的衣服、老師的粉筆，都像是魔法道具一般。這時，孩子常常會扮演老師，假裝站在講台上，指揮著小朋友們一起做勞作，在這個時間中，孩子就是一個十足的老師，還會糾正不乖的小朋友，透過模仿老師的舉止來推測老師的想法。當然也就更可以了解，哪些情況可能會讓老師感到不愉快，而主動去避免做這些行為。隨著經驗的增加，孩子很自然地就能運用在日常生活中，而可以察覺別人的感受，建立出良好的「同理心」。

情緒先修班 當孩子太愛幻想時……

這在孩子三歲時很常發生，有時甚至會虛構出一個「幻想」的好朋友。這時要學習的東西太多太多，但是卻沒有足夠的經驗處理，因此在衝突之下有時就會虛構一個朋友，和他討論與陪伴他應付難關。在他心目中的這個朋友幾乎是無所不能的，可以陪伴他一起面對各種問題，這個虛擬朋友約會在孩子的心中停留一年左右的時間。這時，請尊重孩子的幻想，這是他們自己調適的一種技巧，在三歲的孩子身上是十分正常，也對他很有幫助，所以請不要想方設法的證明「他」是假的。

也不要心懷愧疚，認為孩子是因為覺得孤單、沒有兄弟姊妹，所以才會虛擬一個朋友。其實，這真的不一定，很多孩子即使身旁有很多玩伴，甚至在大家庭之中，也還是會有這樣的過程。隨著孩子認知能力的成熟，漸漸地可以了解真實的情境之後，自然就不會依賴「他」。所以，不用因為孩子有「幻想朋友」而擔心，有時可以藉由這個朋友，幫助孩子養成一些好習慣，如此也可以讓孩子更願意配合。

心得筆記

PART4
穩定情緒

我不想打招呼

孩子的陌生人焦慮

【案例】

小惠在家裡真的很活潑，也很喜歡教妹妹做事情，幾乎一進家門就說不停，一點都不像個文靜的孩子。但是，只要出門卻又完全是另一個樣子，基本上他很少說話，可以說超級安靜的，好像是被裝上消音器一樣。特別是當碰到爸媽的同事、親戚、長輩時，常常低頭一句話也說不出來。不要說打招呼了，就連要正面看人都很難，常常躲在媽媽的身後，一動也不動。雖然，媽媽已經習慣小惠這樣的反應和舉動，一遇到和別人打招呼就當機，但是年底快到了，今年又要帶著兩個小姊妹一起回去婆家拜年，到時候小惠會不會又打死不打招呼，實在很沒有禮貌，一想到就頭痛啊！為什麼小惠就不能像妹妹一樣，很大方地說聲好呢？

孩子為什麼會這樣？

「怕生」是一種很自然的保護反應，也是讓人們可以避免危險的天性，因此孩子很常出現怕生現象，即使是小嬰兒也會如此。小嬰兒剛剛出生的時候，因為視覺尚未成熟，當被大人抱起時，常會面帶微笑、沒有害怕的感覺。但很奇怪的，當小嬰兒長大到六至八個月時，隨著越來越能分辨人臉部表情的特徵，「陌生人焦慮」就會開始出現。每當遇到陌生人，就會出現害怕或大哭的情況，直到對方消失才能停止下來。

「陌生人焦慮」在一歲左右到達高峰後，才會逐漸地降低。在二至三歲時，孩子依然還是會對陌生人保持警戒，表現出退縮的行為，但是往往不會出現哭鬧的情緒反應。孩子是否怕生與「天生氣質」有關，也與後天的環境、經驗有關，每位孩子有所差異。此外，如果孩子是屬於「敏感型」時，各種感官系統都比較敏感，害羞、內向的情況也會特別明顯。這時，越鼓勵孩子打招呼，反而會讓孩子越緊張、更難主動打招呼。

・我跟他不「熟」啦？

孩子不願意和爺爺、奶奶打招呼，是爸媽最頭痛的事情，好像不打招呼就會被貼上「這樣沒禮貌」、「回去要教好」的標籤。確實，爺爺與奶奶是親密的人，但對於孩子而言，這樣就算「熟人」嗎？對於小小孩而言，如果在睡著以後，醒來還會看到的人，才是需要記憶的熟人。所以，如果孩子一睡著爺爺、奶奶就回去了，那就像是每天上班時會遇到的同樓層的人一樣，雖然每天都碰面，感覺很眼熟，但卻還是一個「陌生人」。**孩子會真正記得的，是生活有交集，會和孩子一起分享活動、心情的人喔！**

・不要靠我太近啦？

人與人之間有一個安全距離，如果過於接近會感覺被威脅，如果過於疏遠則會讓人感到被拒絕。通常安全距離大約是我們手伸開的長度，但是對於觸覺過度敏感的孩子，這樣的距離卻顯得過短，容易出現抗拒或逃避的情況。事實上，每一個人也都會有這樣的感受，當別人過度接近時，我們自然會往後退一步，先拉開彼此之間的距離。因此，多給孩子一點時間，不要在一看到孩子時，就想要抱或摸，慢慢的接近才能讓孩子感到放鬆而願意親近。

．外面有很可怕的壞人喔？

相對於我們小時候，目前生活環境較為危險，新聞報導了許多意外事件，無疑也加深父母的焦慮，因此常常在有意無意之間灌輸孩子「外面很危險」的觀念，甚至會限制孩子活動的範圍。當孩子兩歲開始想要探索時，如果機會較少，就容易對於不熟悉的環境產生不安全的感覺，也會導致孩子對於「打招呼」這件事出現情感的連結。我們是否時常很擔心的陪著孩子，並且不斷地提醒他，陌生的人及地方很危險呢？如果是這樣的話，要讓孩子願意打招呼，就應該先從改變我們說話的方式開始。

．我不知道「他」是誰？

「稱謂」其實真的非常複雜，孩子常會搞不清楚誰是誰，要打招呼的時候，會感到莫名的恐懼，深怕自己叫錯了。對於孩子而言，每個人應該都有一個名字，為什麼他們兩個長得完全不一樣，名字卻都叫「舅媽」呢？這就會讓孩子擔心自己記錯，所以更不敢打招呼。確實，很多親戚真的一年難得碰面一、兩次，也難怪孩子不記得。建議父母，請先不要一碰面就希望孩子可以立即叫人，而是先從離開時說「拜拜」開始吧！

專家爸爸這樣做

就像我們看到同事一定會說一聲「早」一樣，打招呼是一個人際互動上很重要的一環，因此，我們常希望孩子看到長輩能很有禮貌的打招呼。即便如此，還是不能忽略孩子的感受，特別是當孩子年紀還小，表達能力還不好的時候。由於現代孩子生得比較少，家中的人數也少，孩子與爸媽以外的人接觸的機會也減少許多，孩子難免會怕生。當孩子不願意打招呼時，請不要幫孩子貼上「沒禮貌」的標籤，而應尊重孩子的感受。很多時候，要親近孩子最好的方式，就是不要一見面就摸孩子，因為這會讓孩子感覺受威脅。在和孩子互動之前，請彎下腰，親近孩子的臉龐，減少巨大身影帶給孩子的壓力，才能讓孩子願意主動親近及打招呼。請儘量站在孩子的角度，幫孩子和別人溝通，讓孩子可以安心，漸漸地，他自然會和別人打招呼了。

第一階段　從最熟悉的人開始

體諒孩子、尊重孩子的感受，才是最好的方式喔。收起責備的口吻，例如，「不可以那麼沒禮貌」、「我平常是怎麼說的」、「你今天的表現媽媽很不開心喔」，這些都會讓孩子更焦慮，無形之間增加孩子的愧疚感，導致孩子更不願意開口打招呼。我們應該要當孩子與外界的橋樑，讓孩子對環境充滿安全感，可以先從孩子熟悉的人開始練習起，像**爸媽就是最好的練習對象**，雖然每天都膩在一起，打招呼似乎有點奇怪，但真的很管用。記得教孩子每天看到爸媽要說：「爸爸辛苦了」、「媽媽謝謝妳」這樣的短句，並適時給予孩子一個鼓勵的擁抱，都是很好的練習。

第二階段 讓孩子更容易成功

在人際溝通上，「非口語溝通」佔的比重約百分之九十左右，「口語溝通」只佔了非常少的比例。因此，當孩子不願意「說」的時候，也不要過於勉強孩子。正確的做法是降低要求，只要

當孩子不肯打招呼時……

這不表示孩子沒有禮貌，只是因為比較害羞，所以千萬別帶著責備的口吻說，「你這樣子媽媽不喜歡。」這只會讓孩子感到更緊張，更說不出任何話。這時，請多給孩子一點時間，先從說「拜拜」開始練習比較容易成功。孩子通常會因為只要說「拜拜」，就可以脫離讓他感到緊張的狀況，所以更願意主動地說，往後，等到孩子比較有信心後，再練習打招呼就會變得容易多了。

孩子願意「點點頭」、「揮揮手」就可以了。**先讓孩子可以「成功」，並且獲得讚美，他才會願意繼續嘗試**。就像是上台演講一樣，第一次上台，必定緊張得要命，在眾目睽睽之下，即使腦子裡有千言萬語，也不一定說得出一句話。大人都如此，又何必過度要求孩子？讓孩子第一次「演講」的表現就可以滿足你的要求，孩子很自然地就會越來越願意上台「演講」。孩子需要的是你的鼓勵，你給予的支持，而不是責備喔！

第三階段　請、謝謝、對不起

父母送給孩子最大的「禮物」絕對不是教育基金，也不是各項才藝，而是培養孩子有「禮貌」和「貼心」。隨著社會競爭越來越激烈，我們總是幫孩子安排許多才藝，希望他們有更好的競爭力以面對未來的挑戰，但無形中卻養成了許多小刺蝟，彼此競爭誰也不讓誰。其實沒有人可以永遠第一，也不可能完全沒有失敗，這些是父母再如何努力也無法幫孩子避免的事情。但是，我們可以幫孩子培養出「謙虛」和「禮貌」，如此一來，當孩子遇到挫折時，別人自然願意伸出雙手來幫他，或者再給他一次機會。就從習慣說：「請」、「謝謝」、「對不起」開始吧！

孩子生氣就大鬧

孩子的情緒發展

〔案例〕

小瑜在家裡排行老二，也許是因為上面有一個姊姊的關係，所以每次姊姊在學習時，總是會在旁邊一起聽一起學，媽咪常常不記得有教過他，但是他居然就學會了，而經常和姊姊比來比去。確實，小瑜很聰明伶俐又可愛，但他時不時就流露出「大小姐」脾氣，常常一不順心就生氣的又叫又跳，也不管是不是在家裡，還是在外面。有一次還突然撲到媽媽的身上，又叫又哭的，媽媽老是搞不懂他究竟是在生氣，還是難過。媽媽真的很擔心小瑜的脾氣，如果以後和同學在一起時，一不順心就生氣，那一定會被同學排擠，會不會以後就被貼上「個性不好」的標籤呢？

孩子為什麼會這樣？

「情緒」究竟是天生的，還是後天發展出來的呢？研究顯示，情緒的「表情」是與生俱來的，存在我們的基因裡面，因此無論是在地球上的哪一個地方，即使文化與語言不相同，但是「生氣表情」卻都是「皺著眉、撅著嘴、張大鼻孔」。所以就算語言不通，用「表情」也可以清楚傳達出彼此的「情緒」。然而，這些往往都是最基本的情緒，只有「喜、怒、哀、懼」並不足以表達孩子的心情，而需要更加細緻的分化，而這分化的過程就是由家庭與學校的環境所塑造的。

當孩子在小嬰兒時期，只有最原始的兩種情緒分類：「舒適」與「不舒適」。當嬰兒覺得「舒適」就會微笑顯得很開心，相反地不論是肚子餓、濕濕的、不安全，就會出現「哭鬧」的行為。這時，孩子還分不出來「難過」與「生氣」之間的

寶寶的情緒表情

階段	
0～5 週	滿足 驚嚇 厭惡 苦惱
6～8 週	高興
3～4 個月	生氣
8～9 個月	悲傷 害怕
12～18 個月	善感 害羞
24 個月	驕傲
3～4 歲	罪惡 忌妒
5～6 歲	擔心 謙虛 自信

差別，大約在三、四個月大時才會有明顯差異；並且隨著孩子的成長，到兩歲時孩子會開始對自己感到驕傲；到五歲後，可以察覺到更為複雜的情緒，像是謙虛、自信。隨著人際互動需求的增加，「單一情緒」漸漸地無法滿足生活上的需求，當孩子在六歲之後，開始察覺到有時兩種不同的情緒會同時出現，而變成另外一種全新的情緒，又難過又生氣而覺得自己很「冤枉」。**「情緒」的成熟是需要時間與經驗的累積**，而不是當孩子還沒有成熟時，就替孩子貼上一個「個性不好」的標籤，其實孩子只是暫時還搞不清楚情況而已。

・表情就是心情？

「表情」就是「情緒」嗎？很多時候我們都會將這兩者混淆，表情和情緒往往伴隨發生，但是並不一定表情不好就表示心情不好。相對來說，通常小女孩的表情都明顯較為豐富，也因此比較吃香。想想同樣是犯錯，如果可以做出「楚楚可憐」的表情，被處罰的機率也就會比較低。相反地，如果是「面無表情」或「嬉皮笑臉」這時可能就會倒大楣。當在引導孩子的時候，一定**要先分清楚孩子是「表情」不好，還是「心情」不好**，才能正確引導。

・老是在生氣嗎？

「表情」是模仿而來的，如果孩子經常看到「生氣」的表情，也就會跟著模仿，結果常常是沒有真的「生氣」，卻看起來像在「生氣」。對於喜歡生氣的孩子，最不建議的方式就是使用更強烈的情緒來壓制孩子，因為孩子會錯誤模仿到不適當的「表情」，結果常常越學越錯誤。不妨，**多讓孩子看看鏡子，讓孩子多做鬼臉，讓孩子熟悉自己的表情**，也才能瞭解如何做出爸媽喜歡的「樣子」，自然也就不會看起來很愛生氣了。

・就是要惹人生氣？

孩子很「白目」，就是要惹人生氣？其實，絕對不會的，通常很容易惹爸媽生氣的孩子，根本就不知道爸媽哪時候要生氣，所以經常到了被處罰時還搞不清楚狀況。其實，當我們要生氣前，會有一個「預備表情」來提醒孩子，只是這個暗示通常只會在我們的臉上出現兩至三秒，倘若孩子不能很快地察覺、分析爸媽的表情暗示，往往等待他的就是真的處罰了。建議，**爸媽在生氣之前，需要事先「預告」，讓孩子清楚知道你要生氣了**，這樣比你在那裡擠眉弄眼要來得有效多了。有些小男孩甚至要到了三年級以後，才較能準確判斷大人的表情。

・就是「態度」不好？

「態度」是很難讓孩子理解的，畢竟它看不到、也摸不到，因此爸媽必須要更明確的和孩子說明，究竟要做到哪些「動作」才表示爸媽滿意了。之前有一個案例是，一個中班的小男生，常常被學校老師抱怨，因為每次和他說話時，總是一副要聽不聽的樣子，常常讓老師氣得要命。在評估的時候才發現，他的肩膀居然一高一低，所以他每次都以為自己已經站正了，但實際上頭卻歪向一邊，所以看起來就像是故意歪著頭說話，眼睛也很自然地往旁邊飄移。當老師越兇時，他越想將頭擺正，卻又越移越歪，結果就使大人更生氣。責備往往沒有什麼作用，了解孩子，清楚和孩子說明你要的「動作」，帶著孩子演一遍，他們自然也就會願意去配合。

專家爸爸這樣做

孩子愛亂發脾氣，一生氣就大哭大鬧，不僅常讓爸媽下不了台，也會導致孩子的人際互動困擾。當孩子犯錯時，你是大發雷霆或是溫和的幫他解釋呢？基本上，兩個極端都算不上正確，還可能會讓孩子的情緒發展受到限制。過度強烈的情緒表達，很容易讓孩子學到錯誤的情緒傳達讓孩子變得易怒；過於順著孩子的想法，容易使得孩子無法了解別人與自己的分別，讓孩子變得固執。帶孩子就像放風箏一樣，要一收一放，讓孩子在過程中漸漸地學習如何順應環境的變化。絕不是不能處罰孩子，在臨床上我們常常看到脾氣不好的孩子，爸媽都非常溫和有禮。但是，必須要記得處罰孩子時，請不要和孩子「說氣話」，不然孩子常常會模仿得很像而使大人更生氣。

夫妻之間偶爾吵吵架，的確有助於家庭關係的維持，透過爭執的過程幫助彼此更加了解對方的堅持，才能彼此調整。相反地，如果都是一直保持「冷靜」，只有禮貌卻沒有溝通，才會是最麻煩的事情。絕對不要在孩子面前吵架，但是有情緒是可以的，不過要學習控制，因為你就是孩子最好的模範。「家」不是吸塵器，請不要將工作上的壓力帶回家，適時地調適自己的情緒，才是幫助孩子建立情緒發展的關鍵。

第一階段　「三步驟」了解情緒

・步驟一：冷靜

第一件要做的，不是和孩子說道理，而是先讓孩子冷靜下來。不論是用轉移注意力或帶離現場，都是可以的。在溝通時，最重要的是讓孩子可以聽得進去，而不是在旁邊不停地叨念。因此，先讓孩子靜下來，才能真正地聽進去。

・步驟二：認同

情緒表達是有價值的，過度壓抑孩子的情緒，有時會出現其他的問題，但是最重要的原則是不可以傷害別人。為何孩子會大發脾氣、無理取鬧呢？最常見的情況是孩子被誤會的時候。**先幫孩子說出他的感受，贊同孩子的感覺，並且幫他完成想要表達的字句**，當孩子的「代言人」，當孩子感覺被瞭解之後，就會靜下來聽你說話了。

・步驟三：反省

當溝通的橋樑搭上後，就可以開始描述「第三個人」看到的情況給孩子聽，讓他瞭解別人看到什麼？你生氣之後，還發生了什麼事情呢？其他人在做哪些事情呢？透過這樣的過程，孩子就會漸漸地了解別人究竟在想些什麼，讓他自己思考與反省，才能讓孩子漸漸地發展出「同理心」。

第二階段　只能生氣五分鐘

生氣是一種自然的情緒，也是正常發洩心理壓力的一種管道。孩子不是不可以生氣，而是應該發展出適當的表達方式。當碰到孩子生氣的時候，我們需要處罰的不是他的「情緒」，而是他表現出來的「不適當行為」。因此，請不要要求孩子「不可以生氣」，因為就連大人自己也做不到。最重要的，要讓孩子可以漸漸地縮短生氣的時間，因為生氣時間長短才是真正惹毛父母的原因。當孩子生氣的時間從30分鐘、20分鐘，漸漸練習縮短到5分鐘，你就會發現孩子不再那麼容易讓你生氣了。

第三階段　豐富孩子的情緒詞彙量

因為文化的特質，我們不像外國人一樣，常常會和孩子談論自己的心情，就像將垃圾倒給孩子一樣。但是我們可以帶著孩子唸繪本、說故事，透過故事的內容，提升孩子對於「情緒」的了解，進而增加孩子的情緒詞彙量。很多時候，同樣一句話，差一個字差很多。想想如果本來答應孩子要帶他去動物園玩，但是臨時接到老闆的電話要至公司加班，這時雖然很不願意，卻一定要去。就在你要穿鞋子時，孩子突然跑出來說了一句，「你明明答應我的，你讓我好生氣！」結果可想而知的，應該就是挨了了一頓罵。

但在這時候，如果幫孩子換兩個字，將「生氣」換成「失望」呢？「你明明答應我的，你讓我好失望！」這時你不會生氣，反而會安慰孩子不是嗎？幫孩子認識更多的「情緒」詞彙，才是最有幫助的。

當孩子不願意道歉時……

光了解事情的發生的原因，而不是隨口說，「做錯了，就要說對不起。」有時候說「對不起」，並不是對或錯的問題，而是禮貌上的表達。就像是如果你坐著好好的，有一個人突然撞到你的腳而絆倒了，這時是誰對誰錯呢？當然你沒有做錯任何事情，他也沒有做錯任何事情，只是禮貌上我們就會說聲「對不起」。因此，當孩子覺得自己沒有做錯事時，往往也就不願意說「對不起」，因為他覺得自己沒有做錯事情啊！這時，跟孩子說：「說『對不起』是一種禮貌，乖孩子都會說『對不起』。」這樣孩子就會願意配合了。

我不會，媽媽幫我

過度依賴的孩子

【案例】

小惠最喜歡黏著媽媽，也很貼心，但有一個小小的缺點，就是他做每件事都一定要媽媽幫忙，就算這件事他會，也不忘說一句，「媽媽幫我，我不會。」或者碰到一件新的事情，小惠就會不停的問，「是這樣嗎？」常常是妹妹都已經快做好了，小惠還停在嘴巴動作階段，手指頭卻一動也沒動。這週去接小惠放學，老師也提到，「小惠的個性比較依賴大人，常常要老師幫忙，玩新活動時，都要老師牽著手，才會願意去做？」這更讓媽媽擔心不已。是因為太害羞嗎？

孩子為什麼會這樣？

「過度依賴」與孩子「自信心」的發展有密切的關係，當孩子對自己的評價不佳時，就會很擔心自己無法做好，自然會不停地詢問大人的意見，期待自己可以達到大人的期望，甚至是反覆詢問。事實上，孩子的自信心不佳，不一定是由於父母「過度嚴格」所導致的，其實「過度保護」的風險反而更高。著名的發展心理學家艾瑞克．艾瑞克森（Erik Erikson）提出「心理社會發展理論」（psychosocial theory）指出在一歲至三歲時，孩子發展的重點在於「自主行動」與「羞愧懷疑」之間的拔河。這時的孩子開始發展獨立的自我人格，堅持所有的事情都要自己做，透過自己吃飯、拿包包、上下樓梯等「自立」的過程，證明自己是很厲害的。如果這時爸媽因擔心孩子會受傷，而一手包辦所有的事情，將他照顧得無微不至時，同時也限制了他「自主行動」的過程，孩子就會覺得自己不好，而對自己的能力產生「懷疑」。因此，**不論是凡事都幫孩子做好，或嚴格地要求，都可能讓孩子的「自信心」受到限制，而出現依賴爸媽協助的情況。**

艾瑞克森心理社會發展的前四個階段挑戰

0 歲至 1 歲	信任感 VS. 不信任感
1 歲至 3 歲	自主行動 VS. 羞愧、懷疑
3 歲至 6 歲	自動自發 VS. 內疚
6 歲至 12 歲	勤勉 VS. 自卑

・擔心自己做不好？

擔心自己做得不夠好，害怕自己做錯，沒辦法達到爸媽的期望，所以一定要問出「標準答案」才能安心去做；或是非得再三確認，直到肯定可以完成後才願意執行。這是因為孩子「自信心」不足所導致，使用責備的方式，不但不能讓孩子克服依賴的行為，反而會讓這樣的行為變得更嚴重。

・別人會只有我不會？

在幼兒園階段，最重要的就是「生活自理能力」的養成，當同學都很熟練的自己穿襪子、拿湯匙、扣釦子時，如果孩子的動作技巧還不成熟，就會承受許多的壓力，擔心自己為什麼沒做得很好，導致對於自己的評價降低，進而影響孩子的信心。這時，鼓勵或讚美不能達到效果，建議讓孩子將不熟練的動作多加練習，很快地他就會恢復自信了。

・這個我沒有看過？

孩子的「預期能力」較弱，可能對於沒看過、沒嘗試過的事情比較擔心，所以會出現抗拒的情緒，而不敢嘗試與配合。在三歲之前，孩子還沒有明顯的「輸贏概念」，這時對於嘗試新事物的接受度也會比較高。反而，在五歲之後，孩子就會擔心做不好而抗拒，或是希望大人可以幫忙。豐富孩子的生活經驗，讓孩子可以事先預習，都可以使他們更願意面對新事物的挑戰。

・媽媽陪我一起做？

雖然孩子可以自己做，但還是希望媽媽陪，所以會常說，「媽媽幫我」，看看媽媽會不會過來。但當媽媽不在的時候，就可以很快地自己完成，沒有任何的困難。這就是「吸引注意力」的行為，這時越是去鼓勵孩子，反而會強化孩子不適當的行為表現，變得更喜歡說「媽媽幫我」。最佳的方式是「冷處理」，越不理會，孩子反而可以越快完成。等到孩子完成之後，再給予更多的鼓勵，才會有最好的效果。

專家爸爸這樣做

當孩子覺得自己很厲害，會迫不急待的想嘗試新事物，表現出自己最好的一面，並透過反覆嘗試的過程獲得成就感，這是孩子自信心發展的關鍵。孩子「自信心」的來源，就是父母的「態度」，當我們對孩子充滿肯定，作孩子堅實的後盾，孩子也才能沒有擔憂地往前走。

很多時候，孩子比我們想像的勇敢，膽小的反而是大人，練習放手，將我們的擔憂隱藏起來，不要讓孩子覺得緊張，孩子自然不會常常要我們「幫忙」。

第一階段 確保百分百的成功率

孩子對於無法預期的事情，常會因為緊張，而變得依賴。因此，如何協助孩子克服面對「新活動」的焦慮呢？我們必須要確定孩子在參與活動時，可以百分百獲得成功的經驗。**透過適當的安排，讓孩子在「新活動」中，獲得樂趣與成就感，很快地孩子就會願意主動參與「新活動」**了。之後，再漸漸地減少協助，久之孩子要求幫忙的機率也會變少，而更會願意嘗試新的事物了。

第二階段 具體而明確的讚美

讚美孩子有用嗎？要看讚美的方式，就像是看到一位很胖的人，你硬要說他很苗條，基本上他不會覺得你在讚美他，而會覺得你在諷刺他。因此，讚美要具體符合事實，並給予中肯的建議，讓孩子透過你的引導，輕鬆地變得更厲害。相反地，過度而不切實際的讚美，可能導致孩子「自我膨脹」，結果變得眼高手低，一旦遇到真正失敗，反而會出現更強烈的挫折感，而變得更加的退縮。

第三階段　安排孩子當示範組

在團體活動中，藉由給予孩子一個獨特的「任務」，讓他們可以從中獲得成就感。其中，最建議的就是讓孩子練習當「示範組」，在活動時可以「第一個」出發，這對於孩子會是非常有效的獎勵。畢竟孩子通常不敢主動要求自己要示範，所以需要爸媽與老師之間通力合作，使其有機會獲得「示範」的機會。透過示範與教導同學的過程，讓孩子可以獲得成就感，會讓孩子變得更有自信。

當孩子一直要人幫忙時……

不要立即回答「等一下」，不然孩子就真的會一直停在那裡，直到你過來為止。對孩子而言，你說的是「等一下，我會陪你一起做」，所以很自然的孩子就一動也不動，等著你過來。但是，你看到的卻是孩子在偷懶，所以就開始責備。為了避免誤會發生，請給孩子更明確地指示「先把ＸＸＸ做好，我才過去」，這樣孩子就會更積極的趕快完成你指定的事情了。

我就是要穿這件

孩子的權力概念

〔案例〕

隨著季節的變化，天氣漸漸地變冷，昨天還是豔陽高照的好天氣，今天溫度突然就像溜滑梯一樣，一下子就變得冷風颼颼。早上起來，媽咪就急著叫喚小惠和小瑜吃早餐，再穿衣服準備出門。但是，當要穿衣服的時候，小瑜卻百般的不配合，不論媽咪好說歹說，就是堅持只要穿上昨天那件薄薄的衣服，怎麼樣都不肯穿外套。明明天氣就已經變冷許多，小瑜又是容易感冒的體質，眼看著娃娃車就要到樓下了，偏偏他就是不願意配合，最後竟然連鞋子也不願意穿，不僅如此，小嘴巴裡還不停地說著，「我不要穿這個！」最後，媽媽只好放棄堅

持，將外套塞進小瑜的書包裡，急急忙忙地抱著哭鬧不休的小瑜和看好戲的小惠下樓趕搭娃娃車了。

孩子為什麼會這樣？

當孩子到三歲半之後，會開始察覺到「決定權」這件事而有「權力概念」。加上對顏色、圖案等認知能力的發展，孩子漸漸地會開始堅持對衣服的喜好。在四歲時，由於想像與扮演的經驗增加，孩子開始對於「卡通角色」有特定的喜好，也常會出現指定要穿著有特定圖案的穿著，像是：朵拉的襪子、Hello Kitty的衣服等等。這些愛好常伴隨孩子長大而出現，並不是孩子故意喜歡唱反調，而是孩子想要自己做「決定」，掌控自己與環境的一個過渡階段。只是孩子的技巧還不是很成熟時，常常會使用哭鬧的方式來達到目的，而出現親子互動上的衝突。

・我要自己選擇

當孩子到四歲之後，開始出現個人喜好，想要自己做決定；如果事情是他自己選擇的，出於自由意志，往往比較願意配合。孩子是獨立的人格，會要用「決定」來證明自己，這並非是在唱反調，而是在爭取自己的「權力」，建議父母這時應適時的放手，不要過度幫孩子決定。當然基本的原則要掌握，大事由父母做主，而日常生活的小事也要給孩子一些自主空間，讓他們嘗試自己做決定，才會漸漸地成長。

・我不覺得冷啊?!

觸覺敏感的孩子在溫度變化上的察覺比較弱，所以無法了解冷熱差別。首要的重點不是和孩子說明道理，而是用一些小技巧「誘使」孩子配合，比如說，「今天這件 Hello Kitty 想要和妳一起去上學」、「穿上這件粉紅點點的衣服給王老師看」，先讓孩子配合才是重點。在選擇衣服上，重要的是穿脫方便，如果要讓孩子保暖，套頭的、高領的不是最佳選擇，改用圍巾或脖圍會比較適合。對於一些特別怕熱的孩子而言，天氣變冷實際上反而是比較舒服的，但卻不知道自己可能會著涼而感冒，所以會堅持不願意加衣服。如果父母一直想要說服孩子，不穿會很冷，甚至威脅孩子會感冒，孩子不但無法理解，反而會出現情緒的反彈。

・我不喜歡新衣服？

當爸媽的常出於疼愛，即使自己已經好一陣子沒有購置新裝，但在節日時卻還是會幫孩子添購「新衣服」，想要幫寶貝打扮的漂漂亮亮的。雖然「新衣服」會讓孩子覺得很開心，但是有時「新衣服」的縫線處會讓孩子覺得比較「硬」而感到不舒服，當孩子出現排斥時，容易影響爸媽的情緒，覺得孩子不聽話、不配合。這時，先將衣服洗上一至兩次，孩子可能就會願意穿了，只是可能「新衣服」就變成「舊衣服」了。

・只是不想出門

不可否認有些孩子，並不是在「堅持」衣服的挑選，而是不想出門，這又是另一個問題。這時，孩子也會有堅持的行為出現，但是並非是「衣服」上的問題，而是將這個行為作為「工具」，拖延要出門的時間。因此，主要問題並非是「穿什麼衣服」，而是「如何順利出門」，這時請不要在衣服上過度和孩子堅持，而是將準備的時間縮短以減少孩子故意小題大作，讓孩子習慣順利出門才是首要目標。從「起床」到「出門」這短短的時間，是家庭衝突最常發生的時間，通常不是孩子真的特別不配合，而是大人在時間壓力下的情緒反應影響所致。在時間壓力之下，因為大人容易有情緒，孩子也就較容易出現混亂的情況，建議不要將事情擠在這段時間，部分事情可以在睡前先幫孩子準備好。所以，如果希望練習孩子自動自發，請不要選擇在出門前的「巔峰時刻」。

專家爸爸這樣做

我們必須要先分辨清楚孩子是在「唱反調」還是「有想法」。隨著年紀的增加，孩子對於「衣服」開始會出現的不同的「想法」，而會有所「堅持」。當孩子到三、四歲時，會想要模仿喜歡的人或故事人物，透過穿著來表達自我認同。所以，有的小女孩喜歡長紗裙、蝴蝶結，似乎戴上這些小飾品就會變成小公主；小男生則開始喜歡穿迷彩裝、戴領巾等，想要化身成為超級英雄，這些都是孩子在表達對自己的「期許」與「認同」的過程。雖然，對於「衣服」的偏好越來越明顯，但是孩子對於「情境」察覺能力依然不足夠，有時無法配合「場合」作出適當的選擇，所以就會出現與爸媽出現「堅持」與「對立」的情況。這時適當的給予孩子選擇的「權力」，給予「選擇」的機會，讓他們在經驗中修正如何穿著合宜，將會是非常重要的。

第一階段 分辨孩子真實的想法

首先要了解孩子的想法，究竟是「固執」還是「賴皮」呢？不妨藉由孩子「堅持」自己選衣服的時間來觀察，如果孩子不論任何時間都非常堅持，這比較傾向於固執。有可能是孩子對於衣服質料有所偏好，毛料可能會讓他覺得刺刺、癢癢的，所以會排斥與抗拒，這時就不要與孩子堅持，因為即使你說破嘴，孩子還是會覺得穿起來不舒服而抗拒。協助的方式也很簡單，就是爸媽自己多穿著毛料的衣服，孩子漸漸地就會習慣這種材質的衣服了。相反地，孩子如果是想賴在家裡而使用拖延戰術，這時最簡單的方式就是縮短出門的時間，待在門口玄關的時間越久，小孩子就會越賴皮，盡快出門會是最好的選擇。

第二階段 給予孩子選擇的權力

讓孩子有兩種選擇，從中選擇一個，讓孩子自己「決定」，他們就會願意配合。但是必須要注意，我們的大腦事實上很懶得做「選擇」，所以如果選項超過五項時，就會因為無法做出決定而出現遲疑的情況。所以，請不要帶著孩子在一個大衣櫃前面「選擇」自己想要的衣服，那或許會是一場災難的開始。此外，請不要給予當孩子「決定」後，會有「惡果」的選項。例如，明明外面的氣溫只有10度，卻故意拿一件羽絨外套、一件短袖T恤給孩子挑選，結果如果孩子選T恤，你真的會讓他穿著出門嗎？這樣的方式不會讓孩子變得聽話，反而是會更堅持己見，因為你無意間破壞了孩子對你的信任。

第三階段 自己準備要穿的衣服

為了讓孩子早上可以順利出門，應縮短出門前的準備工作，以減少孩子因為「決定」而拖延時間的情況。建議在晚餐後或洗澡前，帶著孩子一起準備書包、鞋子、襪子、衣服、水壺等，並且放在明顯的固定位置。一來這時比較沒有時間壓力、二來也可以尊重孩子選擇的權力。**透過如同儀式化的固定行為，幫助孩子養成良好的習慣，也可以節省早上要幫他們準備東西手忙腳亂的情況**。

孩子的「自動自發」需要父母妥善的安排，帶著孩子養成每天做事的習慣。孩子要的很簡單，只要你的陪伴與鼓勵，而不是在旁邊念個不停；在習慣養成之前，請記得一定要在旁邊陪伴，不要他們才一開始自己做，你就急著離開去做其他的事情；當你離開他的視線後，他想要表現的動機就會瞬間消失，自然也就需要更多時間才能養成習慣。

情緒先修班

冷著要命 還是要穿短袖時…

孩子對於天氣變化的察覺還沒有很成熟，所以需要兩、三天才能適應。因此，如果氣溫突然驟降時，孩子常常沒有辦法立即明顯感覺到，這時就會出現堅持的情況，特別是如果孩子有觸覺敏感的情況就會更加明顯。因為毛料和高領讓他覺得不舒服，比天氣冷還要強烈，所以在情緒上就會出現抗拒。建議使用「洋蔥式穿衣法」，讓孩子多穿幾件容易穿脫的衣服，可以最快達到讓孩子配合的效果。想想如果孩子很怕熱，穿了一件一直脫不掉的高領衣服，在學校玩一下子就流汗，弄得滿臉通紅的，也會很不舒服。彼此退讓一步，幫孩子將外套放在書包裡面，寫一張小紙條交給老師，就可以解決了。

大人可以打小孩嗎？

孩子的不服從與自我控制

〔案例〕

小惠進入幼兒園大班以後，越來越覺得自己是一個「大人」，就連講話方式也像是一個十足的小大人，常常會脫口問出一些媽媽想都沒想到的問題。雖然，小惠絕大多數的時間都很聽話，但是意見卻越來越多，也越來越喜歡糾正別人。有一次，當小惠犯錯快被媽媽處罰的時候，不僅不承認自己做錯了，還質問媽媽，「媽媽，妳明明說過不可以打人！」一副理直氣壯的樣子，然後自己就走到角落去罰站。看小惠一點都沒有反省的樣子，更是讓媽媽覺得生氣，也開始擔心小惠這樣不聽大人的話，又喜歡鑽漏洞、頂嘴，會不會被老師貼上叛逆的標籤？

孩子為什麼這樣做？

當孩子到五歲時，隨著語言與認知的發展，已經了解許多事，並開始有自己的判斷能力。但是，也正因為如此，當他們面臨規範時，就會開始「唱反調」或「討價還價」，甚至，想挑戰你的耐性邊緣，越是禁止他做的事，他越要做。這時，孩子會對於爸媽給予的規範，提出許多的「質疑」，不再像三、四歲時一樣乖乖的接受。如果孩子的「口齒伶俐」，那家裡可就非常熱鬧了。其中，最常出現的就是「大人可以打小孩嗎？」

由於孩子「因果關係」與「推理能力」的進步，開始對於「規則」有更深的了解，也有自己的詮釋，但也同時出現許多的困惑。

媽媽不是說：「不可以打人嗎？」；但是我看到的是「媽媽可以打我！」

媽媽不是說：「說話要有禮貌？」；但是我聽到的是「阿嬤大聲罵我！」

媽媽不是說：「我已經長大了？」；但是我常被教訓「小孩子不要問！」

媽媽不是說：「不聽話打屁股？」；但是我教妹妹時「不可以打妹妹！」

究竟「規則」是什麼呢？為什麼對我、妹妹、媽媽都是不一樣的呢？正因為他的小腦子裡浮現出許許多多的問號，所以一定要問出一個所以然才能感到安心，但是表現出來的，卻是不聽話和愛狡辯。其實，孩子只是希望找出一個明確可以執行的規律，才能幫助自己開始學習「自我控制」。

・不可以「打人」？

五歲正是發展「自我控制」的關鍵時期，孩子開始會對於規範越來越有興趣，甚至會開始出現糾正大人的情況。這不是不給爸媽面子，而是孩子覺得大家都應該要遵守規則，只是有時候這些規則是孩子自己想像出來的。媽媽不是說不可以「打人」，那為什麼媽媽會「打」我？如果媽媽不遵守規則，應該要提醒媽媽，但卻常被認為是在「頂嘴」反而被處罰。

・大人才可以打人？

對於孩子而言，「大人」是一個很模糊的概念？只要年齡比較大，就是大人了嗎？所以，如果我們和孩子說，「大人才可以打小孩。」孩子就會出現疑惑，而脫口問，「妹妹是小孩，我可以打妹妹嗎？」結果，才問不到兩、三句就被貼上不聽話的標籤，不免又被罵了一頓。所以應避面使用「模糊不清」的句子，而應該清楚地和孩子說，「不可以打人，但作錯事會被處罰。」

・我要把耳朵關起來？

當孩子發現「規則」被破壞了，最初會嘗試去提醒別人，不論是手足或同學，甚至會提醒爸媽的錯誤，十足像一個管家婆一樣。但是，當孩子發現大家都不遵守時，就會出現另外一個極端，將自己的耳朵關起來，不願意配合別人的「規則」。因此，用孩子可以聽得懂的話，清楚定義出明確的規則，爸媽親身的示範與遵守是讓孩子願意乖乖配合的關鍵。

・不要把「打」掛嘴邊？

孩子一調皮就脫口而出，「你再不聽話，我就打你。」然而即使孩子再繼續做下去，我們也不會真正的處罰。結果不單單沒有讓孩子變得更聽話，反而讓他們學會將「我就打你」掛在嘴邊。可想而知，孩子被抱怨與處罰的機會，不但沒有減少反而變多了。請不要將「打」字掛在嘴邊，但卻從來沒有動作，否則只是教導孩子一個事實，即可以將爸媽說的話當作耳邊風。

專家爸爸這樣做

「打」就是管教孩子嗎？還是大人自己在生氣呢？可以處罰孩子，但不要一直將「打」掛在嘴巴上，更不要在盛怒下處罰孩子；不要跟孩子說氣話，孩子會模仿的很像，而你會更受傷，靜下心再處理，是管教孩子最基本的原則。在美國也沒有不可以處罰孩子的規定，當孩子作出踰矩的事情，老師會將孩子帶到校長室，讓校長處理。

帶孩子不是順著孩子，而是給予正確的引導。在孩子還沒有決定與分辨能力時，更需要爸媽適時的引導，我們的角色是父母，不是孩子的好朋友，先做好稱職的父母之後，才去思考如何當孩子的好朋友。爸媽的角色就如同是孩子人生旅行中的嚮導，尊重與引導他們發覺生活中的樂趣，而不是將方向盤交給孩子，讓孩子漫無目標的前進。當孩子五歲以後，使用高壓式的管教，不僅不能達到效果，反而會讓孩子更加反彈，建立明確而清楚的規範，讓孩子培養出良好的「自我控制」能力才是有效的。

第一階段 改變我們的用詞

很多時候，孩子並沒有惡意，但卻會因用錯「用語」而被處罰。例如，我家的兩姊妹有次玩在一起，原本推來推去的很開心，但最後開始玩過頭，我看到姊姊壓在妹妹的身上，就問，「妳們在做什麼？」沒想到姊姊居然很開心的說，「我在欺負妹妹。」大人說的話孩子就會學，卻是不知道應該用在哪裡。事實上，姊姊沒有真正在欺負妹妹，而只是每次推來推去時，總是聽到阿嬤說，「不要欺負妹妹！」所以也就理所當然地學了起來。在管孩子之前，請先改變自己的習慣用語，不要挖洞給孩子跳，卻又怪孩子不貼心。

第二階段 建立威權不用打

要讓孩子聽話，絕對不是用處罰的，更不會是用打的。難道只要會處罰的人，他都應該要順從嗎？那以後不就很容易被欺負嗎？其實，爸媽想要在孩子的心裡有威權，最重要的就是要讓孩子「佩服」。試想每次不小心交通違規而收到罰單時，我們都會很佩服嗎？還是會覺得很倒霉，或是很生氣呢？孩子的想法也一樣，處罰或打罵一定沒有用，帶著孩子一起做事情，透過你的引導讓孩子學會新事物，不要將教孩子的工作外包出去，讓孩子從心中佩服爸媽是如此厲害，會比你不停的在旁邊嘮叨更有實際的效果。

第三階段　建立明確的規則

教導五歲的孩子，**規則越明確，指令越清楚，孩子就越能遵守與配合**。不要覺得孩子在找漏洞，他們只是正在透過模仿大人制定規則的方式，學習如何控制自己的行為。全家一起與孩子討論清楚「家庭規範」，大人和小孩都要一起遵守，爸媽的以身作則，才是培養孩子「自我控制」的關鍵。請千萬注意一個秘訣，不要期待一口氣解決所有的問題，每次不要訂定超過三個規則。先讓孩子完成並可以遵守這三個規則，當確實達到後，在每個月逐漸加上一、兩條規範。這個方式看起來好像很慢，但卻比不停耳提面命，更有效率。

情緒先修班

當孩子故意唱反調時……

不要突然生氣的說，「閉嘴，就是這樣，沒有理由！」這樣只會讓孩子更加的反彈，覺得爸媽根本不講道理，而讓孩子的情緒變得更加暴躁。很多時候，孩子都會據理力爭，想要找到合理的解釋，只是常常沒辦法分辨情境是否適合。其實，絕大多數的情況下，我們都可以接受孩子的討價還價，只是孩子在錯誤的情境下堅持，容易導致大人的情緒爆發，而被處罰。這時，和孩子事先建立一個規定，「當媽媽說回家再說時，就要先把嘴巴閉起來。」這樣可以幫助孩子脫離被責備的情況。

孩子都叫不動

孩子的自主性

【案例】

小惠大班以後，變得越來越有主見，也越來越愛說話，但是卻常常叫不動。就算是一件很簡單的小事情，也得叫上好幾分鐘後才願意動一動。這週末，爸爸帶著全家去風景區逛逛，可能是因為連續假期的關係，到處都是黑壓壓的人頭，妹妹因為年紀小走的比較慢，所以小惠一下子就衝到前面去了。媽媽急著在後面大叫，「人很多，小惠不要走那麼快！」一連叫了好幾次，小惠還是自顧自的一直往前衝，最後沒辦法，爸爸只好趕快往前走去把小惠抓回來。小惠之前還很聽話、也很乖巧啊！為什麼突然變得叫都叫不動，把媽媽的話當作耳邊風呢？難道是聽不清楚、還是出現什麼問題呢？

孩子老是要叫很多遍，可能的原因有很多，這在不同年齡都可能會發生，最容易讓爸媽感到困擾的，其實不是兩、三歲的小小孩階段，而是已經聽得懂的五、六歲孩子。因為孩子已經可以對答如流，也知道爸媽在說什麼，但就是不願意配合、拖拖拉拉。其實，孩子在五歲半左右，就會漸漸有獨立的想法，有時甚至凡事都想要照自己的規則與方式做，但卻過度追求完美，對一點小事過於執著。這時，就算是要給予建議，或中斷他的計畫，也常出現不情願地情況。但孩子已經不會像小時候一般的哭鬧，所以只能消極地以假裝聽不到、故意不願意配合，來表達情緒上的抗拒。這其實是一個過渡階段，由於孩子想要嘗試自己的能力，想知道自己是否可以控制身邊的一切，但有時可以成功，有時卻依然需要依靠爸媽，這是一個在反覆過程中尋找平衡點的歷程。

・不要一直「狼來了」

帶孩子一定要放輕鬆，不要緊張與擔心，更不要將聲音「拉高八度」說話，提醒孩子要小心、要注意。越是經常提醒孩子要小心，擔心孩子會受傷，卻又忽略孩子的能力時，越容易讓孩子覺得「這又沒有什麼」，媽媽老是大驚小怪的。所以，當你再將聲音「拉高八度」說話時，孩子也就不會太在意。結果等到真正有緊急情況時，再怎麼大聲叫孩子也不聽，反而容易導致意外發生。

‧有聽到？但不清楚！

有時孩子知道媽媽在說話，但是因為媽媽說得太快又太長了，孩子聽不懂就會覺得，「那不如等媽媽過來再說吧，反正做錯也是會被罵！」當我們在給予孩子指令時，一定要非常的清楚，確定孩子可以聽得懂，句子越簡短，越使用肯定句，孩子越容易配合。因為我們都習慣在強調事情的重要性時，使用否定句來加強重要性，像是，「等一下，不要再把包包放在地上」，結果孩子只聽清楚後面二分之一，結果可想而知，又得挨罵了。

‧媽媽說話不算話？！

「明明就是你叫我做的，為什麼又罵我，下次我不聽了！」為何孩子在會出現這樣的困擾呢？主要就是對於「反詰語氣」不能理解所導致的。就像如果說，「你再說啊！」到底是該說話？還是不說話？

「反詰語氣」代表刻意加重語氣，叫你做相反的事情，也就是說「你再說啊！」這時加上重音與表情，就是不准說話的意思。翻譯成白話文，就是「我在生氣，嘴巴閉起來」。

但是，孩子常常就被字面的意義所混淆，誤認為爸媽說話不算話，而覺得委屈、鬧彆扭。必須要在這裡提醒爸媽，這不是孩子不聽話，而是孩子要在七歲之後，才能漸漸了解「反詰語氣」的意涵。

・我已經長大了？

五歲以上的孩子會開始有自己的想法，想嘗試用自己的方法做事情，想要看看自己是不是很厲害。這時，孩子不再像四歲時，凡事都需要別人教才敢嘗試，而會開始喜歡自己設計、組織出一個新遊戲，在玩玩具時也喜歡將所有的玩具湊在一起玩。當然，這時也就會有小小的衝突出現，當爸媽想要下指導棋時，他就會出現小小的抗拒，自然很容易被當作不聽話。

專家爸爸這樣做

你有多久沒有聽廣播了呢？記得在小時候，常會聽廣播節目，特別是流行金曲排行榜。相對而言，現在孩子常暴露在大量的視覺刺激當中，不論是電視、平板、電腦，都讓孩子越來越習慣使用視覺來學習，也越來越少使用耳朵，所以現在孩子普遍在聽覺辨識上比較弱，當家長說話時，就容易搞不清楚狀況。正因為如此，當在要求孩子配合時，指令簡短而明確就顯得非常重要。

如果同一件事情，要反覆說上四、五遍孩子才會開始動作，很容易引起大人情緒，也容易被貼上是不聽話的標籤。當孩子叫不動時，我們必須要仔細觀察，孩子究竟是「聽不懂」、「搞不清」、「不理人」中的哪一種。很多時候，**孩子之所以「叫不聽」，當耳邊風，最主要的原因就是我們幫孩子做太多**。即使孩子最後不動，我們還是會幫他做好，結果卻養成孩子賴皮的習慣。

第一階段 和孩子在同一個高度

四歲以前的孩子，對於周邊環境變化的察覺能力有限，在「聽覺定位」上還沒有熟練，因此常常會搞不清楚，到底說話的人站在哪裡。既然是誰在說話都搞不清楚，又哪有可能聽清楚你說的內容呢？如果剛好電視正在播放卡通，那孩子可能真的連聽都沒聽到，更不用說配合。記得和孩子說話時要面對面，不要站在他的後面耳提面命，卻又把自己氣得要命，請蹲下身體，尊重孩子的感受，讓兩人的眼睛在同一個高度，讓孩子可以清楚地看到你的嘴巴、聽到你說的話。這不但表示尊重，他也才會心甘情願的配合，不論是大人或小孩都是如此。

第二階段 不說自己做不到的事

改變大人遠比改變孩子來得容易，要讓孩子聽話，最需要改變的就是我們說話的方式。「說到做到」是最重要的關鍵，當給予指令，和孩子說話時，要說到就要做到，千萬不要說氣話。例如：正要出門時，孩子就是拖拖拉拉不配合，我們常常會語帶威脅的說，「如果你再不穿鞋子……就自己留在家裡！」但是，你真的會讓他一個人留在家裡嗎？基本上不可能，因為這是違法的，更可怕的是孩子也知道。所以請不要說自己做不到的事情，那不單單沒有解決問題，反而讓孩子覺得你說的話不重要，當作耳邊風。

第三階段 給孩子做決定的機會

當孩子五歲時，已經熟悉與學會運用自己的身體，並具備良好的「動作計畫能力」，也開始進入發展「問題解決能力」的關鍵時期。這時，**孩子開始想要嘗試自己計畫，並且嘗試解決問題**。所以，孩子會不太想要聽你的建議，這不是叛逆、不聽話，而是希望有自己計畫的機會。這時，請在安全的情況下，給孩子有自己決定與計畫的機會，並且讓孩子對結果自行承受。但請記得，如果當孩子在計畫到一半卡住，而尋求協助時，千萬不要刻意拒絕孩子，而是耐心提供建議。適時的給予孩子睿智的建議，當孩子成功以後就會更願意聽你的建議了，也就會更聽話了。

當孩子躲在房間裡，不理人……

當孩子不想理人，故意將自己關在房間裡面，這時千萬不要語帶威脅的説，「你給我出來」，這會讓孩子更容易焦慮，而不願意出來。孩子會將自己關在房間裡面，是因為面臨情緒衝突，但又不敢亂發脾氣所導致。先確定房間是否安全，如果是安全的，請讓孩子暫時擁有自己的空間、自己安靜一下，等到情緒穩定後，孩子就會自己出來了。當孩子情緒平穩之後，不妨和孩子訂一個「附帶條件」，可以自己在房間裡一陣子，但是不可以將門鎖起來。

不好玩！
我不要玩了！

孩子的挫折忍受度

【案例】

五歲的小惠越來越像一個小大人，也越來越像一個小管家，對於所有的事都會表示意見，還會想決定晚上要吃什麼，也會要求妹妹要做什麼事情，一副自信十足的架勢。昨天大伯一家到家裡拜訪，堂哥和堂姊也一起來，小惠超級開心的，一直碰碰跳跳的想要和哥哥姊姊一起玩。小惠吵著要玩跳棋，要大家一起陪他玩，還自信滿滿地說明規則，要堂哥和堂姐一起聽。沒想到才玩不到五分鐘，就聽到小惠大叫一聲：「我不玩了」，然後就莫名其妙地大哭了起來。媽媽趕快跑出來看到底發生什麼事情，結果原來是堂哥快

要贏了。奇怪，不是前面還玩得好好的，為什麼會突然大哭起來呢？會不會是小惠「輸不起」，如果這樣同學以後一定不會願意和他玩，這樣人際關係鐵定會很不好，怎麼辦呢？

孩子為什麼會這樣？

「挫折忍受度」也就是孩子可以面對失敗、難過、創傷，並且從中恢復的一種內在能力。當孩子四歲時，因為正在發展「權力」階段，會嘗試要去掌控所有的情況。然而，當「權力」突然消失時，就會感到失落、沮喪，易導致情緒出現波動。這時，就算如何和孩子說明「越挫越勇」，還是不能安慰孩子失望的感受。其實不需要擔心，孩子只是還需要多一點時間與經驗，才能開竅及掌握重點。孩子往往只能察覺自己的感受，還無法去察覺到別人的感受，才會出現破壞遊戲的情況。這些都是發展的過渡階段，需要等到孩子五歲之後，隨著「自我控制」開始發展，學習控制、壓抑自己的「慾望」，及學會察覺別人的感受後，才能控制自己的情緒，進而發展出良好的「挫折忍受度」。

・輸了不可以哭？

對於一直努力表現出最好的孩子，輸了就像是突然被打了一巴掌，出乎他的預料之外。而有很多的失望及難過。正因為有努力，所以失落的感受才會更加沈重，由於情緒劇烈的波動，哭泣就會成為孩子最好的抒發了。請不要用威脅的口氣和孩子說「不可以哭」，更不要數落孩子「羞羞臉，輸了還哭。」**輸了的確可以有情緒，也能表現出難過，但是不可以生氣而破壞遊戲**。

・輸不起，破壞玩具？

當遊戲進行時，孩子開始察覺到自己好像快輸了，這時孩子心頭浮現一個問題，「再玩下去，我就會輸了。」所以孩子需要選擇一個「解決方式」來處理這樣的困境。所以他會想到「不要繼續玩下去，我就不會輸了」而出現逃避或中斷遊戲的狀況，來避免讓自己變成「失敗者」。所以孩子有時就會出現破壞遊戲的情況，而不是孩子個性不好，只是孩子解決問題的能力有限，選擇了不適合的方式而已。當孩子希望遊戲可以「暫停」時，教他使用一個「通關密碼」，並且尊重孩子的決定，就可以減少他破壞遊戲的情形了。

・越挫才會越勇？

與大人想要的不一樣，「挫折忍受度」的培養不是給孩子大量的「失敗」經驗就可以了。如果孩子一直「失敗」而沒有「成功」，反而會讓孩子變得非常消極，對所有的事情都興趣缺缺。不論做什麼事，都不可能會贏，那為什麼還要努力去參加比賽呢？所以，和孩子一起玩的時候，不要故意非得要贏孩子，否則不但不能讓孩子變得更能克服挫折，反而會變得凡事都提不起勁。

・媽媽我很棒嗎？

「挫折忍受度」的關鍵是「自信心」，就是知道自己哪裡好，所以才能更有勇氣去面對失敗。相反地，過度嚴格的教導孩子，讓孩子承受過多壓力，反而會讓孩子覺得自己凡事不如人，又怎麼會願意嘗試挑戰呢？孩子的自信心不是天生俱備的，而是靠父母在每天生活互動中給予的。許多輸不起的孩子，往往對於自己的評價不高，覺得自己都做得不好，所以更無法面對失敗的打擊。不要吝嗇讚美孩子的優點，只要你是根據事實，絕對不會讓孩子變得「驕傲」。

・不要當直升機父母？

千萬不要像直升機一直盤旋在孩子身邊，擔心孩子會不會受傷、失敗、受欺負。在成長過程中孩子不可能一路上都沒有跌倒，沒有碰過任何失敗，這是不能避免的事情。就算是吃飯也都可能會噎到，不是嗎？爸媽的角色**應該是在孩子失敗後，安慰孩子、鼓勵孩子，當孩子最強的後盾，而不是站在孩子前面擋子彈**。保護孩子是父母的天性，但是要能控制自己的衝動，才能讓孩子有健全的人格發展。

專家爸爸這樣做

「草莓族」、「媽寶」這些新奇的流行語，也都傳達了一個訊息，就是現在孩子的「挫折忍受度」比較弱。現在孩子生得少，每一個都是家裡的寶貝。在無微不至的照顧下，孩子所面臨的挑戰越來越少，無形中也導致孩子對於「失敗」的免疫力不足。但真的要給孩子更多的挫折，不給任何的協助嗎？這也不正確，孩子在五歲前，給予過多的挫折，反而會導致孩子日後變得「被動」而沒有動機；沒有任何一個人喜歡「輸」別人，因此不要期望孩子可以一開始就不怕失敗。陪伴孩子一起面對失敗的難過與沮喪，教導孩子如何從難過中重新站起來。有我們的陪伴，孩子就會越來越堅強，而可以面對困難的挑戰。

第一階段 我是 Somebody

在哈佛大學針對「挫折忍受度」的研究中，發現這些年輕人擁有共同的特質，就是擁有穩固的人際關係，擁有愛與被愛的經驗。因此，**當父母在給小孩挫折之前，應該先讓孩子確知自己是受重視與疼愛的，而不是急著給他「更多挫折」**。就是因為被重視、被需要，孩子自然也就變得更有信心，可以承受失敗給予的打擊。幫孩子創造一個被需要的角色，讓孩子在生活中有獨特的位置，不論是負責照顧小狗、分配點心都會是非常有用的。當孩子了解自己是重要的，自然也就會更有自信與動機了。

第二階段 給予規則性遊戲

孩子五歲以後，就可以引導孩子玩「規則性遊戲」，像是，撿紅點、大老二等，讓孩子自己在遊戲的過程發現，如果自己拿到很好的牌，但別人卻因為怕失敗而不玩時，會出現哪一種情況，**讓他們嘗試接受成功與失敗，透過遊戲來練習挫折忍受度**。當瞭解別人與自己的感受後，孩子就會願意忍耐暫時失敗的不愉快，而堅持陪著同伴一起玩到結束為止。選擇遊戲時，一定要有三人以上一起玩，並且不要讓孩子變成最後一名，不然孩子很快地就會不想要玩了。

第三階段　讓孩子面對挫折

凡事都被爸媽搞定了，做與不做又有什麼差別呢？反正一點成就感也沒有，孩子不僅會變得沒有主見，且會常常將「好無聊」掛在嘴邊。在保護的環境下，提供孩子練習面對新的挑戰的機會，過程中，難免有失敗和挫折，相對也有突破的喜悅。透過反覆的練習，孩子才會漸漸地長大、茁壯。我們要做的不是幫寶貝孩子避免失敗，而是適時提供支持與陪伴；不是幫寶貝孩子尋找藉口，而是提供引導與幫助。

當輸了就大哭大鬧……

千萬不要用威脅的語氣說，「輸了還敢哭」更不要用嘲笑的語氣說，「羞羞臉，輸了還哭。」這只會讓孩子覺得被你拒絕，而感到更加難過。孩子就是因為投入很多，才會很在意輸贏，覺得很難受與失望。這時，你要做的應該是認同孩子的感受，輕柔地說句，「媽媽知道你很傷心，擦乾眼淚就好了。」幫孩子了解自己的感受，帶著孩子一起找出解決問題的方式，孩子就會很快克服這一次的關卡，勇敢面對下一次新的挑戰。

我就是要說不好聽的話

孩子的模仿與判斷

〔案例〕

小毅是小惠在大班的同班同學，小毅長得非常可愛，也非常活潑、開朗，記得中班時，每次看到他都笑咪咪的，也很有禮貌的問好。但是，今天去接小惠的時候，小毅卻一直對的同學說，「哈哈哈！吃大便啦！」媽媽和小毅媽媽有碰過好幾次面，印象中小毅的爸媽很有禮貌，說話都是很輕聲細語的，真的很讓媽媽感到訝異！畢竟是別人家的孩子，加上老師也沒有制止，也就不能表示什麼。只好先牽著小惠離開，在路上和小惠說，「不可以學小毅亂說話喔！」到家了，小惠也很正常地放好自己的書包自己放好，洗好

手後就要準備吃飯了。媽媽很順口的問，「小惠想要吃什麼？」，沒想到小惠居然想也沒想地回答，「吃大便啦！」真的讓媽媽快要昏倒了，不是已經和小惠說了，為什麼孩子會學起來呢？這樣以後會不會很容易被帶壞呢？

孩子為什麼會這樣？

孩子的童言童語，有時候會讓爸媽覺得很有趣，但有時也會讓爸媽覺得很尷尬，特別是當孩子有時會反覆的說「不好聽的話」。其實，爸媽不需要特別擔心，也不需要過度焦慮，這並非是孩子學壞了，而是孩子善於「模仿」，但卻不善於「判斷」所導致的。心理學的「心智理論」指出，當孩子在零至三歲時，往往只獨善其身，但卻不能察覺別人的感受；在四歲以後，才開始可以嘗試去了解自己和別人想法間的差異，並且猜測他人的行為動機與模式。因此，如果孩子在四歲後，開始喜歡說「不好聽的話」時，爸媽就要仔細地去觀察孩子為何會如此，並且幫孩子修正這個不好的習慣。

・這句話好新鮮喔？

語言學習是一個非常複雜的過程，然而孩子在語言學習上卻比大人擁有更高的天賦，如同海綿一般的吸收，特別是對於新奇而有韻律的文字，會更有興趣。這個也就是孩子為何可以快速地吸收與學習語言的祕密，但是有時卻也導致孩子錯誤的迷戀一些很少聽到卻有強烈聲調變化的「髒話」。其實，孩子在三歲之前，孩子往往只是出於好奇心，但卻不明字句所代表的意涵。

・大家都好開心啊？

「我每次說：『屁股』、『大便』、『吃屎』的時候，班上的同學都笑得好開心喔！我也覺得自己好棒喔！也很開心啊！」其實，孩子不知道這字句背後面的意思，只是很單純地覺得可以讓其他人開心，因為這樣的誤解，孩子以為說這些話是好的，所以就越來越常講了。對孩子而言，即使爸媽糾正，這是不可以說出的、會引起別人生氣的話語，但是孩子生活中的同儕經驗卻非如此，因為孩子的朋友都沒有人會生氣，所以也就不會認錯。

・叫媽媽都不理我？

有時候孩子會發現，當叫媽媽的時候，媽媽都會一直在忙自己的事情，但是只要孩子說「幾個字」，媽媽就會突然跑過來，真的是太好用了。有時候，我們會不經意地去強化孩子的習慣，讓孩子將這些「話」掛在嘴邊。當孩子不經意地說出來時，不論是覺得很好笑而開心大笑，或是突然地皺起眉頭盯著孩子看，都很容易讓孩子誤以為你在和他玩遊戲。就像是玩具一樣，按一次按鈕就會引來許多不同的反應，唯一的差別就是一個用手指，一個用嘴巴而已，難怪孩子樂此不疲。

・不能動手，只能動口？

妹妹老是要搶我的東西，我想要處罰他，所以我只要說：『醜八怪』，他就會被氣哭了，我真的沒有動手喔！」當孩子四歲後，這樣的情況會變得很頻繁，這時孩子開始了解別人的想法與自己不同，並且嘗試去預測對方的動機與行為，必須透過一次一次的實驗，找出對方行為的規律性。因此，當和兄弟姊妹爭吵不休，很生氣但卻不能動手時，就會故意說一句「關鍵句」，明明知道這個字句會挑起戰火讓對方哭鬧，但卻可以滿足其不可以動手的衝動。如果面臨這種狀況，雖然孩子沒有說髒話，也沒有動手攻擊別人，但就需要糾正，以免孩子養成不好的習慣。

專家爸爸這樣做

當孩子第一次說「髒話」的時候，絕大多數的爸媽都是不可置信的，滿腦子的疑惑都是，「這是從哪裡學來的，在家裡都沒有說過任何一句髒話，也非常小心翼翼地幫孩子避免了，到底是為什麼呢？」不過，若是認真的問起孩子，這些話是什麼意思，他卻不一定答得上來，特別是在三歲以前的孩子。而當孩子四歲之後，孩子會突然發現「這句話」雖然短短的，但居然可以讓別人有很強烈的反應，不論是讓人大笑或生氣，都會讓孩子感覺到可以「操作」別人的權力因而樂此不疲。挑起你的情緒才是重點，讓你可以回應才是重點，過度強烈的回應，會得到相反的結果。

第一階段 冷靜處理不生氣

當孩子第一次說「髒話」時，最好的方式是使用「忽略法」，以減少孩子說的頻率，通常在兩週後孩子就會漸漸地淡忘掉了。一而再，再而三的叮嚀，不可以說，但是自己反而又覆誦一遍，無疑是加深孩子的印象。對於孩子而言，如果一句話就可以逗的大人擠眉弄眼，不但不會覺得愧疚，反而會覺得有趣，所以會越講越多次。嚴格的處罰，反而會讓孩子的印象更為深刻，更難忘記這句不好聽的話，而得到反效果。

第二階段　減少接觸的機會

隨著網路、電視的流行，孩子學習與模仿的對象也越來越多，爸媽更難掌控孩子模仿的對象，所以當孩子說「髒話」時，找到來源並且減少接觸，遠比責備孩子來的重要。孩子雖然會模仿，但常常無法分辨情境（**情境判斷要到九歲時才會成熟**）幫孩子避免不好的媒體與環境，就是爸媽非常重要的工作了。其實，我們常忽略了一個重點，那就是「卡通節目」中常常會出現一些字句，雖然不能算是髒話，但是卻也不好聽，像是：「腦子壞掉了」、「爽啦～」、「讓你倒大楣」……。但是卻被包裝成為「笑點」傳遞給孩子，孩子因為不會分辨，而不知不覺的記憶模仿起來。結果孩子的模仿力越強，學習力越好，反而不是優點而變成了缺點，莫名其妙的變成討人厭的孩子。

第三階段 教導孩子分辨場合

不好聽的話應該分為兩種，一種是具有污辱、敵意的；一種無傷大雅的流行語。前者確實必須要清楚告知孩子，不可以使用，並且嚴格限制。但是，在孩子小小的社交圈裡，常常會流傳一些「粗俗」的流行語，這些說出來也會讓大人眉頭一緊。這時，如果嚴厲的禁止，孩子會覺得不服氣，因為同學們也都有講啊！這時，必須要教導孩子分辨情境上的差異性，在朋友間說可能表示一種親密，而不會冒犯別人。但是，當大人的面或家裡就是不可以說，透過幫助孩子練習分辨情境，才能更讓孩子了解社會規範的界線，孩子也就會願意配合了。

當孩子生氣地罵髒話時……

千萬不要跟著生氣說，「你剛剛說什麼？你再說一次試試看！」當孩子在情緒當中，常常無法察覺你句子後面的意思，只聽到「再說一次」，最後的狀況很常是孩子真的再說一次，然後親子都下不了台，反而使衝突加劇。不要隨著孩子的話有情緒起伏，應將說話的聲音壓小、速度放慢的說：「小聲點，我知道你生氣了」，先讓孩子冷靜，而不是急著讓孩子認錯。要道歉也要等情緒平穩後，而不是在氣頭上。

光光老師正向情緒教養學

作　　者／廖笙光
選　　書／陳雯琪
主　　編／陳雯琪
特約編輯／林潔欣

行銷企畫／洪沛澤
行銷副理／王維君
業務經理／羅越華
總 編 輯／林小鈴
發 行 人／何飛鵬
出　　版／新手父母出版
　　　　城邦文化事業股份有限公司
　　　　台北市中山區民生東路二段 141 號 8 樓
　　　　電話：(02) 2500-7008　傳真：(02) 2502-7676
　　　　E-mail：bwp.service@cite.com.tw
發　　行／英屬蓋曼群島商家庭傳媒股份有限公司城邦分公司
　　　　台北市中山區民生東路二段 141 號 11 樓
　　　　讀者服務專線：02-2500-7718；02-2500-7719
　　　　24 小時傳真服務：02-2500-1900；02-2500-1991
　　　　讀者服務信箱 E-mail：service@readingclub.com.tw
　　　　劃撥帳號：19863813
　　　　戶名：書虫股份有限公司

香港發行所／城邦（香港）出版集團有限公司
　　　　香港灣仔駱克道 193 號東超商業中心 1F
　　　　電話：(852) 2508-6231　傳真：(852) 2578-9337
　　　　E-mail：hkcite@biznetvigator.com
　　　　馬新發行所／城邦（馬新）出版集團 Cite(M) Sdn. Bhd. (458372 U)
　　　　11, Jalan 30D/146, Desa Tasik,
　　　　Sungai Besi, 57000 Kuala Lumpur, Malaysia.
　　　　電話：(603) 90563833　傳真：(603) 90562833

封面設計／劉麗雪・版面設計／徐思光
內頁排版／徐思文・內頁插圖／廖笙光
製版印刷／卡樂彩色製版印刷有限公司
2015 年 6 月 9 日 初版 1 刷
2020 年 11 月 19 日二版 1 刷
定價 380 元
ISBN 978-986-5752-26-2 EAN4717702110291

有著作權・翻印必究（缺頁或破損請寄回更換）

Printed in Taiwan

國家圖書館出版品預行編目 (CIP) 資料

光光老師正向情緒教養學 / 廖笙光著 . -- 初版 . -- 臺北市：新手父母，城邦文化出版：家庭傳媒城邦分公司發行，2015.06

面；　公分 . -- (好家教系列 ; SH0136X)

ISBN 978-986-5752-26-2(平裝)

1. 育兒 2. 兒童心理學 3. 親職教育

428.8　　104007540